AF645459

ANDRÉ VOGT | EVA BIRKENHOLZ

Typgerechte HUNDE-ERZIEHUNG

Jede Hundepersönlichkeit individuell trainieren

ANDRÉ VOGT | EVA BIRKENHOLZ

Typgerechte HUNDE-ERZIEHUNG

Jede Hundepersönlichkeit individuell trainieren

INHALT

BEGLEITVIDEOS ZUM BUCH

Trainieren Sie zusammen mit Eva und André! Die eigens für dieses Buch produzierten Begleitvideos können Sie mit diesem QR-Code auf Ihrem Handy ansehen. Alternativ können Sie die Videos über diesen Link im Webbrowser abrufen: **gu.de/hundetraining-typgerecht**

VORWORT

Unser erstes gemeinsames Buch wird ein Erziehungsratgeber für alle Hundehalter und -halterinnen, die sich einen wohlerzogenen Begleiter an ihrer Seite wünschen. Es soll sich dabei um einen »etwas anderen« Ratgeber handeln, der sich nicht nur inhaltlich und methodisch von bereits bestehenden Ratgebern abhebt, sondern sich auch – wie bereits André Vogts Bestseller »Typgerechtes Welpentraining« – durch unterstützende Videos auszeichnen und auf unterschiedliche Hundetypen eingehen wird.

Uns ist es besonders wichtig, die verschiedenen Hundecharaktere zu beleuchten und individuelle Trainingstipps zu geben, die kynologisch fundiert sind und für jedermann verständlich erläutert werden. Wir möchten, dass Sie, liebe Leserin, lieber Leser, ein gewisses Verständnis für all das entwickeln, was wir erklären. Hintergründe nachzuvollziehen und für sich als sinnvoll und nützlich zu bewerten, ist im Hundetraining eine der erfolgreichsten Trainingsmethoden.

Warum macht mein Hund das, was er gerade macht? Was sagt mir seine Körpersprache? Wie kann ich erfolgreich mit ihm kommunizieren? Was braucht mein vierbeiniger Liebling, um glücklich zu sein? Und wie kommt er am besten in unserer urbanen Gesellschaft zurecht? Auf all diese Fragen werden wir näher eingehen. Der Praxisbezug soll in diesem Ratgeber im Mittelpunkt stehen. Wir kennen die Sorgen und Nöte vieler Hundebesitzer und wissen ganz genau: Es ist immer wichtig, auch einen Plan B in der Hinterhand zu haben. Deshalb gibt es in diesem Buch auch zu vielen Übungen Tipps in der Rubrik »Wenn's mal nicht klappt«.

Hundetraining hat unfassbar viele Facetten, die es zu berücksichtigen gilt, um einen Hund zu einem guten Begleiter zu erziehen. Ob Alter, Charakter, Herkunft oder Rasse, wir werden bestmöglich all diese Bereiche praxisnah beleuchten. Das ambitionierte Ziel, jedem Hundebesitzer passende Tipps und hilfreiche Ratschläge an die Hand zu geben, möchten wir mit Herz, Verstand und nicht zuletzt einer guten Prise Humor erreichen, denn der Spaß am Zusammenleben mit einem Hund soll bei allem Training auf keinen Fall verloren gehen.

Dafür stehen wir – unsere Werte und Überzeugungen

Zu Beginn unseres Wertekanons steht eine Überzeugung: Wir glauben fest daran, dass eine harmonische Hund-Mensch-Beziehung in fast jeder Konstellation, zwischen allen Charakteren – also völlig unabhängig von Rasse und Herkunft –

möglich ist. Diese Beziehung mitzuprägen, stellt eine der größten Freuden unserer Arbeit als Hundetrainer dar.

Apropos Freude: Wie in einer guten Beziehung zwischen zwei Menschen geht es auch zwischen Mensch und Hund ganz wesentlich um den gemeinsamen Spaß, um echte Ausgelassenheit. Wenn wir verkrampfen, fühlt sich der von uns doch so sehr ersehnte Vierbeiner in unserem Leben gar nicht mehr so bereichernd an. Und vor allem: Sind wir verkrampft, werden wir unsere Ziele bei der Hundeerziehung nicht erreichen und schon gar nicht zu einem gut funktionierenden Team werden. Also gilt es, zunächst einmal tief durchzuatmen, lockerzulassen und zu genießen – denn das ist das A und O für ein harmonisches Miteinander.

Wissen macht selbstbewusst

Beim Lockerlassen hilft vor allem ein solides Grundwissen über die Eigenarten der individuellen Hunderasse, die Genetik des Vierbeiners, seine Herkunft und die vorangegangenen Erfahrungen sowie sein Lernverhalten. Denn wer sich mit dem Hund als Tierart beschäftigt hat, der versteht von ganz allein, wie er ihn begreifen sollte: nämlich als Hund, der über viele Jahrhunderte hinweg zu einem treuen Begleiter domestiziert wurde, aber seinen Urahn, den Wolf, im wahrsten Sinne des Wortes immer noch in den Knochen hat. Der Hund ist also beides: unser Freund und ein Raubtier – und diese Gleichzeitigkeit dürfen wir in einer artgerechten Erziehung niemals aus den Augen verlieren.

Jede Tierart dieser Welt hat ihre eigenen Bedürfnisse. Auch der Hund und natürlich auch der Mensch. Ein wichtiger Part in der Hundeerziehung ist es, genau diese Bedürfnisse zusammenzubringen. Dazu gehört die Erkenntnis, dass der Hund nicht nur da ist, um unsere menschlichen Sehnsüchte zu erfüllen. Er ist eben kein Schmusetier, das nur dazu dient, unser Leben zu bereichern. Ein Hund bringt seine ganz eigenen individuellen Bedürfnisse und Verhaltensweisen mit – und die müssen wir mit unserem Leben abgleichen, in einem sinnvollen Maß erfüllen und ihnen innerhalb eines klaren Rahmens Grenzen setzen. Eigentlich bildet genau dieser Rahmen für uns den Kern der Erziehungsarbeit.

Ein Geschenk für beide Seiten

Wer sich seine eigenen Grenzen – und die von außen festgelegten Grenzen – klargemacht hat und konsequent durchsetzt, erfüllt die Verantwortung, für die jeder Hundebesitzer in unseren

Der Wolf steckt dem Hund noch in den Knochen. Doch ist der Hund schon lange kein Wolf mehr.

Hund und Mensch können zu einem großartigen Team zusammenwachsen.

Augen einzustehen hat. Er begegnet seinem Tier artgerecht, schafft Hilfsmittel und Zwang ab und schenkt ihm dadurch innerhalb des Rahmens größtmögliche Freiheit. Und unser Geschenk ist nicht minder groß: Wir erhalten Stabilität, Verlässlichkeit und das Vertrauen des Vierbeiners.

Als Hundetrainer sehen wir den Wert und Sinn unserer Arbeit darin, uns mit Ihnen gemeinsam auf die Suche nach diesem Verständnis und den entscheidenden Grenzen zu machen und Ihre innere Haltung mitzuprägen. Dafür, dass das gelingt, sind wir nach unserer tiefen Überzeugung mitverantwortlich. Wir möchten Sie auf diesem spannenden Weg begleiten. Gemeinsam bauen wir Wissen auf und machen uns zusammen mit Ihnen auf die Suche nach Ihrem Bauchgefühl und Ihrer Intuition, um starre Methodik hinter uns zu lassen.

Zusammen mit Ihnen möchten wir ausbrechen aus festgefahrenen Bildern und Glaubenssätzen, die heute noch das Zusammenleben zwischen Ihnen und Ihrem Hund prägen. Wir sind zuversichtlich, Ihnen einen neuen und offenen Blick auf Ihren vierbeinigen Begleiter zu ermöglichen, und erreichen bestenfalls auch noch gegenseitiges Verständnis.

Übrigens: Ebenso wie Sie eine Vorstellung von Ihrem Hund im Kopf haben, macht er sich auch ein Bild von Ihnen. Lassen Sie uns dieses Bild gemeinsam gestalten, unverwechselbar und authentisch, klar und verlässlich. So kann echte Zuneigung entstehen!

Herzlichst – Ihre Eva Birkenholz
und Ihr André Vogt

1

DER HUND UND ICH

Er wird der beste Freund des Menschen genannt und zählt zu den beliebtesten Haustieren. Warum fasziniert der Hund uns Menschen so sehr? Es ist wohl das Miteinander, die Idee, dass wir mit diesen Tieren echte Freundschaft erfahren. Wir zeigen, wie Sie diese einzigartige Beziehung bestmöglich gestalten können.

WAS IST HUNDE-ERZIEHUNG?

So selbstverständlich wir ihn benutzen, so aufmerksam sollten wir ihn beleuchten: den Begriff »Erziehung«. Und überlegen, welche Sprache wir mit dem Hund sprechen wollen. Denn die Voraussetzung für Erziehung ist Verständnis und Verstehen.

Stellen Sie sich folgende Situation vor: Es ist ein wunderschöner Nachmittag, und es zieht Sie raus, Bewegung, frische Luft – endlich durchatmen. Beim Gang durch die Haustür steht Ihr Hund voll freudiger Erwartung neben Ihnen und wartet auf das Signal, Ihnen nach draußen folgen zu dürfen. Sie befestigen die Leine an seinem Halsband, und entspannt starten Sie Ihren Weg durch die Siedlung. Sie gehen vor, Ihr Vierbeiner folgt Ihnen an lockerer Leine. Plötzlich springt eine Katze vor Ihnen fluchtartig hinter parkende Autos. Ein paar Häuser weiter schlägt der Nachbarshund an und wirft sich gegen das Gartentor. Doch diese Szenen beeinträchtigen weder Sie noch Ihren Hund. Sie setzen Ihren Weg entspannt fort.

Vom Asphalt wechseln Sie auf den Feldweg, Bäume statt Häuser, der Blick reicht weit. Nun lösen Sie die Leine, geben Ihren Liebling frei und schauen zu, wie er über die Wiese rennt und springt – voller Freude an der Bewegung, dem weichen Untergrund, der puren Freiheit. Sie beobachten ihn, hängen Ihren Gedanken nach.

Am Ende des Wegs taucht die Nachbarin mit ihrem Vierbeiner auf. Sie winken freudig, Ihr Hund wendet sich Ihnen fragend zu. Sie geben ihn mit einem deutlichen Auflösesignal (siehe Kasten rechts) frei, und die Artgenossen tollen gemeinsam über die Wiese. Während die Hunde ausgelassen spielen, halten Sie einen kurzen Plausch mit Ihrer Nachbarin. Nach ein paar Minuten verabschieden Sie sich von ihr, um sich auf den Nachhauseweg zu machen.

Ihr Hund registriert Ihre Bewegung sofort, löst sich aus der Interaktion mit seinem vierbeinigen Freund und passt sich Ihrem Tempo an –

GUT ZU WISSEN

Das Auflösesignal wird leider viel zu oft vernachlässigt. Doch es ist im Hundetraining ein wichtiges Werkzeug, um dem Tier zu signalisieren, dass eine Aufgabe oder ein Kommando beendet ist. Es entlässt den Hund in die Freiheit oder die Freizeit. Das Signal kann verbal oder nonverbal erfolgen, etwa als Handzeichen oder als Wort wie »jetzt« oder »okay«. Dies hilft dem Vierbeiner zu verstehen, wie lange er ein bestimmtes Verhalten zeigen soll, und fördert eine klare Kommunikation zwischen Hund und Halter. Es ist wichtig, das Auflösesignal konsequent und klar zu verwenden, damit der Hund lernt, darauf zu reagieren und sein Verhalten entsprechend anzupassen.

Mit einem klaren Auflösesignal weiß der Hund, wann die Übung für ihn beendet ist.

ganz ohne Leine und ohne Rufen. In der Siedlung angekommen, leinen Sie Ihren Hund an und erreichen so entspannt und mit Ihrem ausgelasteten Vierbeiner Ihre Straße. Zu Hause rollt sich Ihr Liebling dann zufrieden und schläfrig in seinem Körbchen zusammen. Sie müssen allerdings noch einmal los, um ein paar Einkäufe zu erledigen. Und so verabschieden Sie sich von Ihrem eingedösten Hund und gehen.

Eine Szene wie im Bilderbuch – aber bloß ein unerreichbares Märchen und pure Fiktion? Wir versprechen Ihnen, dass dieser Traumspaziergang für Sie ganz real zu Ihrem Alltag werden kann. Gerade das ist unser Anliegen: Wir möchten zwischen Ihnen und Ihrem Vierbeiner diese magische Verbindung schaffen, denn uns geht es viel mehr um Beziehung und Erziehung als um reine Dressur. Um den angemessenen, richtigen Blick aufeinander und um ein Verhältnis zwischen Mensch und Tier, das artgerecht und zugleich menschenfreundlich ist – und genau deshalb so besonders und tief.

SITZ, PLATZ … UND FERTIG?

Viele Hundebesitzer interpretieren Hundeerziehung zunächst intuitiv ganz unterschiedlich. Erziehung ist für sie das Einstudieren von Kommandos und Signalen. Sobald dann Sitz, Platz und sogar noch Pfötchengeben im heimischen Wohnzimmer klappen, scheint die Erziehung geglückt. Tatsächlich – so unsere tiefe Überzeugung – ist das Erlernen von Kommandos nur ein winziger Teil der Erziehungs- oder besser gesagt der Beziehungsarbeit. Denn gerade unter »Laborbedingungen«, wie etwa bei uns auf dem Hundeplatz, gelingt das Einstudieren von Kommandos innerhalb nur weniger Minuten.

Sicherlich sind das schöne Erfolgserlebnisse, doch sie haben wenig Einfluss auf den gemeinsamen Alltag. Denn das Leben ist wesentlich bunter, komplexer, lauter, unvorhersehbarer. Und wenn ein Hund ohne gefestigte Beziehung zu seinem Menschen den Reizen dieser Welt ausgesetzt ist, lässt sich das selbst noch so toll andressierte Kommando nicht abrufen. Viele Hundebesitzer neigen dann dazu, um die Aufmerksamkeit ihres Tieres zu buhlen. Mit Lautstärke und kiloweise Leckerchen – oder vielleicht auch mit böse grollender Stimme. Häufig passiert jedoch genau das Gegenteil, denn je mehr der Mensch versucht, sich anzubiedern, desto uninteressanter scheint er für seinen Hund zu werden. Ein Spaziergang gleicht so einem Kräftemessen, das oft der Hund gewinnt und Ihnen als Hundehalter viel Schweiß und Nerven abverlangt.

Deshalb laden wir Sie ein, den Blick weg von erlerntem Verhalten – also den reinen Kommandos – zu nehmen und Ihren Fokus auf etwas Tieferes zu richten. Dafür blicken wir gemeinsam auf das Wesen eines Hundes und zeigen Ihnen, wie Sie die Beziehung zu Ihrem vierbeinigen Liebling aktiv gestalten können.

Eine gemeinsame Sprache finden

Zu Beginn der Erziehungsarbeit werfen wir einen Blick auf die Kommunikation. Die meisten Besitzer sprechen mit ihren Hunden Menschensprache. Und tatsächlich, der Hund besitzt die Kompetenz, uns verstehen zu lernen – was an sich schon eindrucksvoll ist. In unserer täglichen Arbeit mit Hunden finden wir es aber viel faszinierender und zielführender, dass wir als Menschen in der Lage sind, uns der »Hundesprache« anzunehmen.

Faszination Hundeblick

Um Hunde tatsächlich in ihrer Natur verstehen zu lernen, nehmen wir als Trainer immer wieder eine Beobachtungsposition ein. In unserer täglichen Arbeit sehen wir Hunde in Gruppen interagieren – Szenen, die sich mit der Forschung ganz und gar decken. Hunde in Gruppen kommunizieren selbstverständlich nicht mit menschlichen Worten, sondern sie verständigen sich hauptsächlich über Blickkontakt, Körpersprache und Lautäußerungen wie Knurren oder Bellen. Dies ist eine nicht zu unterschätzende großartige Erkenntnis, denn die Adaption dieser Hundesprache macht einen großen Teil der Leichtigkeit des zuvor geschilderten Spaziergangs aus.

Kommunikation ohne viele Worte – das ist bisher unter Hundebesitzern eher weniger verbreitet. Sie sind meist stolz und zufrieden, wenn der eigene Vierbeiner in der Lage ist, unsere Menschensprache zu verstehen und Wörter wie »Sitz«, »Platz« und »Fuß« zu Hause gehorsam umzusetzen. Das ist tatsächlich eine beeindruckende Kompetenz, aber die Kommunikation bleibt so eher flach, begrenzt und einseitig.

Eine einladende Körpersprache sorgt dafür, dass die kleine Maila gern zu ihrem Menschen läuft.

Eine Reise in die Welt der Hunde

In unserer Philosophie gehen wir einen Schritt weiter und schlagen sogar einen ganz anderen Weg ein, der für viele Hundebegeisterte unentdeckt bleibt. Wir bringen nicht dem Hund unsere Wörter bei, sondern lernen seine Art zu kommunizieren. Unsere Erfahrung zeigt: Wer die Hundesprache beherrscht, erreicht echtes Verständnis und Verstehen. In unserer Arbeit vermitteln wir, dass dieser Weg nicht nur Tiefe und Freude für die Hund-Mensch-Beziehung bedeutet, sondern vielmehr auch der Verantwortung für eine artgerechte Haltung gerecht wird. Und das ist übrigens gar nicht so schwer zu erreichen.

Wir nehmen Sie in diesem Buch mit in die Welt der Hunde und in eine Sprache, in der feinste Signale maximale Wirkung erzielen. Eine Welt, in der Ihr Hund bei stärkster Ablenkung noch reagiert, Ihnen intrinsisch – aus seinem eigenen Antrieb heraus – folgt und dadurch maximale Freiheit genießen kann. Machen Sie sich mit uns auf die Reise, hin zu einer einzigartigen Beziehung, in der Ihr Hund es liebt, Ihnen zu folgen, und Sie sein wichtigster Fokus sind.

SPECIAL

Unser Traum vom Hund

ANDRÉ:

***Tiere waren immer ein fester Bestandteil** in meinem Leben. Hamster, Mäuse, Ratten, Wasserschildkröte, Schweine, Schafe und Pudel – meine Eltern haben mir und meinen Geschwistern ein Aufwachsen mit den unterschiedlichsten Tieren ermöglicht. Aber obwohl ich so viele Arten um mich herum hatte, waren Hunde für mich doch die Größten unter ihnen. Einen eigenen Hund, diesen Traum trug ich als Kind viele Jahre lang in mir. Ich bekam stattdessen eine eigene Katze, die ich zwar sehr mochte, aber den Wunsch nach einem Hund nur noch größer werden ließ.*

In einem Familienurlaub in Nordfriesland trafen meine Eltern dann eine Entscheidung: Mein Bruder sollte einen Hund bekommen – zum Schulabschluss. Und zwar sofort, hier im Urlaub. Wir studierten die Kleinanzeigen in der Lokalzeitung, fuhren die unterschiedlichsten Höfe ab, um dann in einer leer stehenden Pferdebox in einem Haufen süßer Border-Collie-Welpen unseren zukünftigen Vierbeiner zu finden.

Überglücklich kamen wir nach Hause, um ziemlich unsanft auf dem Boden der Tatsachen zu landen. Denn unser Welpe, der nur seine Geschwister

Labradorwelpe Casper zog im Alter von acht Wochen im November 2012 bei Eva ein.

und die Pferdebox kannte, war mit dem trubeligen Leben und all seinen Reizen und Geräuschen heillos überfordert. Und wir als Familie waren es mit ihm. Wir hatten keine Ahnung von der Rasse, erzogen unseren Hund intuitiv, und er wurde zu einem echten Problemfall. Als ich dann eines Abends in mein Bett steigen wollte, passierte es: Der Hund meines Bruders biss mir ins Gesicht. Ein Vorfall, der meine Eltern auf den Plan rief und eine große Frage aufwarf: Können wir dieses Tier zwischen den Kindern überhaupt noch verantworten? Wir bettelten, ihn nicht abgeben zu müssen, und so wurde eine Hundepsychologin engagiert. Unser Collie durfte bleiben – und wir begriffen allmählich, dass reine Tierliebe für eine verantwortungsbewusste Haltung wohl nicht ausreicht.

Viele Jahre später kam wieder ein Hund in mein Leben. Meine Frau und ich gingen mit dem Vierbeiner meines Bruders spazieren und lernten auf einem Bauernhof wieder einen Border Collie kennen. Mit Einverständnis der Halterin ging er von nun an regelmäßig mit uns spazieren – und wir verloren unser Herz an ihn. Als Rockys Besitzerin ihn dann abgeben musste, sagten wir sofort Ja. Wir baten unsere Familie um Hilfe und bauten unser Leben samt Vollzeitjobs um unser neues Familienmitglied. Endlich ein eigener Hund! Nur dieses Mal sollte es besser laufen. Ich informierte mich, trainierte Rocky und fand neben meiner Liebe zu ihm noch eine weitere große Leidenschaft: die des Hundetrainers!

Andrés erster Hund Rocky wurde 14 Jahre alt und ziert noch heute das Logo der Hundeschule Vogt.

EVA:

***Auch im Haus meiner Eltern miaute,** fiepste und bellte es. Kaninchen, Hamster, Meerschweinchen, Katzen und Schildkröten, meine drei Schwestern und ich durften alle möglichen Haustiere haben. Auch Hunde gehörten immer zur Familie. Für mich gingen sie im turbulenten Familienleben fast schon unter. Wenn ich dann auf die Hunderunde geschickt wurde, empfand ich den Spaziergang fast als Last.*

Mit meinem Auszug von zu Hause schwanden zunächst die Tiere aus meinem Leben. Mein Mann brachte zwar eine Katze mit in die erste Wohnung, die sich aber scheu und abweisend verhielt und so gar nicht in mein Bild eines zugewandten tierischen Freundes passte. Die Katze blieb, aber ich wünschte mir immer mehr ein eigenes Tier. Eines, das freundlich war, mich mochte, eben ein echter Gefährte. Abends durchforstete ich Internetanzeigen und schaute mir Bilder von Welpen an. Als ich von meinem Arbeitgeber die Erlaubnis erhielt, einen Hund mit ins Büro zu bringen, wagte ich es. Ich fuhr zu einer Familie nach Dorsten, die ihre Labradorhündin hatte decken lassen, und lernte unter den Welpen meinen Casper kennen. Mit ihm wurde alles wahr, was ich mir von einem Haustier erhofft hatte.

Anfangs dachte ich, ich hätte das Zeug, ihn allein zu erziehen. Als Bekannte mir die Gefahr von pöbelnden Hunden vor Augen riefen, meldete ich uns in der Hundeschule an. Ich wollte es ja richtig machen und Casper für mich und meine Umwelt sozialverträglich, freundlich und zu einem echten Vorbild

Malinois-Mischling Kuba ist seit April 2021 an Andrés Seite.

großziehen. Der Hundeplatz wurde unser Spielplatz und die Erziehung von Casper zu meinem schönsten Hobby. Es klappte einfach – die Trainingsstunden, die Beziehung zwischen uns. Und wieder schlich sich ein Gedanke in mein Herz: Was ist, wenn es mehr wird als ein Hobby? Casper hatte mir einen Weg aufgezeigt. Bis heute arbeiten und leben wir gemeinsam. Ich bin ihm zutiefst dankbar, dass er mein Schlüssel in dieses aufregende und erfüllende Leben war.

UNVERHOFFT KOMMT OFT

Wir erzählen die Geschichten, wie wir unsere ersten Erfahrungen mit Hunden sammeln durften, gern. Weil sie eben nicht wie reine Lehrstücke klingen, sondern kleine Schönheitsfehler haben und ganz anders gelaufen sind, als wir es selbst heute raten. Und wir erzählen sie auch, weil sie zeigen, wie sehr wir nachvollziehen können, wie sich Menschen aus einer Situation heraus einen Hund anschaffen, die vielleicht nicht optimal ist, mehr von einem Hund träumen als über ihn wissen und zunächst nur Liebe in die Waagschale für die Beziehung zu ihrem Tier legen können.

Aus Fehlern kann man lernen, und zum Glück muss man sie noch nicht einmal selbst machen. Deshalb raten wir gerade wegen unserer eigenen Erfahrungen: Wer mit dem Gedanken spielt, sich einen Hund anzuschaffen, der sollte sich zunächst informieren. Viele Hundeschulen bieten Beratungen an, in denen Profis sich die Gegebenheiten und die Wunschrassen anschauen und Ratschläge geben, welche Konstellation zu einem guten Match führen würde. Wir raten, sich vorzubereiten, das Zuhause passend herzurichten und durch Wissen zwar mit Vorfreude, aber auch mit einer realistischen Erwartungshaltung in das Leben mit einem Hund zu starten.

Zu spät? Vielleicht abgedroschen, aber doch so wahr ist dieser Spruch: Für Wissen ist es nie zu spät. Und Sie lesen gerade dieses Buch. Wir finden, jeder Tierfreund, der ein Hundeversteher werden will, ist Grund zur Freude. Auch wir sind diesen Weg nicht von Anfang an stringent gegangen. Man kann jederzeit dazukommen und feststellen: Seinen Hund nicht nur zu mögen, sondern auch zu verstehen und ihm gerecht zu werden, das bereichert umso mehr.

Boston-Terrier-Hündin Arielle kam 2016 als Zweithund in Evas Familie.

UNSERE ZIELE UND ANSPRÜCHE

Welches Ideal verfolgen wir, wenn wir mit Menschen und Hunden arbeiten? Bevor wir das Training starten, möchten wir unsere Ziele und Ansprüche definieren. Eindrucksvolle Kunststücke oder reiner Gehorsam – so sieht unsere Arbeit aus.

Wenn wir Hunde trainieren, haben wir feste Ziele vor Augen. Dabei steht Effekthascherei nicht im Mittelpunkt unserer Ambitionen. Niemand muss über unseren vierbeinigen Liebling staunen und ihn beklatschen. Wer gern Kunststücke einüben möchte, weil er Freude daran hat, kann das selbstverständlich tun. Unser Training und unsere Bemühungen drehen sich aber in erster Linie um das Wohlfühlen, die Beziehung zwischen Hund und Mensch und damit um die Alltagstauglichkeit unseres tierischen Freundes.

Wir haben den Anspruch, dass unser Hund sozialverträglich funktioniert, in jedem Umfeld gut zurechtkommt und für uns so wenig Stress und Konflikt wie möglich hervorruft.

SCHÖN, EUCH ZU SEHEN!

Unser Hund sollte uns also überallhin begleiten können und an keinem dieser Orte stören. Wir möchten mit ihm ins Restaurant gehen oder andere Haushalte besuchen können, in denen vielleicht Kinder, Katzen oder andere Tiere zu Hause sind. Unser Vierbeiner sollte demzufolge gut sozialisiert sein. Natürlich klappt das nicht immer, selbst wenn sich zwei Hunde begegnen, gibt es manchmal Antipathie. Doch unser Liebling sollte die Fähigkeit haben, sich zumindest mit anderen Artgenossen oder tobenden Kindern cool arrangieren zu können.

ZUSAMMEN HABEN WIR SPASS

Auf Spaziergängen sollte unser Hund natürlich andere Menschen und Artgenossen ignorieren oder ihnen freundlich begegnen. Sofern er sozial kompatibel ist, klappt das auch auf der grünen Wiese. Hier kommt aber noch ein weiterer wesentlicher Anspruch dazu: Unser Vierbeiner sollte nicht jagen gehen. Und wenn er doch seinem Wunsch für einige Meter folgt, sollte er genau wissen, dass sein Verhalten falsch war, und abrufbereit sein. Egal ob im Wald oder im Park, wir möchten, dass unsere Erziehung in eine freundliche Grundstimmung mündet und der Hund sich an gemeinsamen Aktivitäten erfreuen kann. Das sieht man den Vierbeinern übrigens richtig an – ein Anblick, vom dem wir kaum genug kriegen können.

ICH VERLASSE MICH AUF DICH

Wir möchten, egal, wo wir unterwegs sind, dass unser Hund verlässlich ist. Das heißt, dass die Kommandos und Verhaltensweisen, die wir ihm beigebracht haben, abrufbar sind und gut funktionieren. Wir möchten ihm dadurch Freiheit schenken: ohne Leine laufen und toben zu dürfen, eben richtig Hund zu sein. Und wir wünschen uns, dass er Freude hat, mitzudenken, dass er gute Lösungen anbietet und uns so richtig stolz macht. Wir wünschen uns keine Maschinen, keine Idealhunde, und wir wissen natürlich, dass auch die tollsten Vierbeiner Fehler machen.

Aber wir möchten, dass der Hund von sich aus versucht, Fehlverhalten zu vermeiden, und durch positive Bestätigung immer besser wird.

DAS LEBEN IST KEIN PONYHOF!

Es klang schon an, wir haben Ideale und kennen die Realität. Natürlich gibt es auch im Leben eines artgerecht gehaltenen Hundes Momente, die sich nicht gut anfühlen. Dafür ist es wichtig, dass der Vierbeiner eine gut funktionierende Frustrationstoleranz hat. Frustrationstoleranz meint in diesem Zusammenhang die Fähigkeit, mit Frust, Hindernissen oder Misserfolgen konstruktiv umzugehen und nicht die Kontrolle zu verlieren und unangemessen zu reagieren.

Sie beinhaltet also die Fähigkeit, geduldig zu bleiben, sich selbst zu beruhigen und Lösungen zu finden, anstatt sich von negativen Emotionen überwältigen zu lassen. Eine hohe Frustrationstoleranz kann auch bei Hunden dazu beitragen, Stress zu reduzieren und die psychische Widerstandsfähigkeit zu stärken.

Ich explodiere gleich – oder eben nicht: die Frustrationstoleranz

Manche Dinge sind einfach eine Charakterfrage. Während der eine Mensch mit einer unendlichen Geduld geboren wird, hat der andere eine extrem kurze Zündschnur. Menschen mit geringer Frustrationstoleranz wird geraten, bewusst zu atmen, sich zu reflektieren und zu hinterfragen und aufkommendem emotionalem Stress mit Yoga oder Meditation Einhalt zu gebieten. Das kann uns übrigens auch als Hundehalter nicht schaden, um konfliktreiche Situationen mit oder wegen unseres vierbeinigen Freunds besser zu meistern.

Auch wenn Hund und Mensch auf Stress ähnlich reagieren, braucht der Hund andere Bewältigungsstrategien. Er kann eben nicht zum Yoga gehen oder bewusst tief in die Brust atmen. Also sind wir in der Verantwortung, ihm beizubringen, mit schwierigen Situationen in seinem Alltag umzugehen, ohne gleich die Nerven zu verlieren. Und das gelingt, indem wir ihn mit

Bellend in die Leine springen kann auch aus Frust heraus passieren.

Um Aufmerksamkeit heischendes Verhalten sorgt dafür, dass der Mensch auf seinen Vierbeiner reagiert.

stressigen Situationen, wie etwa verkehrsreichen Innenstädten oder Menschenmengen, bewusst und in angemessener Dosis konfrontieren. So lernt er, sich selbst zu regulieren und im Alltag gelassen und cool zu bleiben.

All eyes on me?

Zu einer guten Frustrationstoleranz gehört auch, zu akzeptieren, nicht immer an erster Stelle zu stehen. Das müssen Hunde lernen, denn so funktioniert das Leben. Immer im Fokus zu sein, ist weder für Hund noch Mensch eine charakterförderliche Angelegenheit. Zudem braucht der Hund für seine physische und psychische Gesundheit ausreichend Ruhe (siehe ab Seite 98). Permanent Aufmerksamkeit zu erwarten, ist da nicht förderlich. Unser Hund muss also lernen, sich zurücknehmen zu können.

Die Situationen, in denen die Frustrationstoleranz trainiert wird, sind häufig die schwierigen Momente, in denen wir – trotz Stress – richtig reagieren müssen. Im Leben von Eltern und Kindern ist es die Supermarktkasse, an der die schönsten und leckersten Dinge extra auf Augenhöhe präsentiert werden. Die Kinder betteln und zetern, und wer dann nachgibt, hat zwar unser volles Verständnis, jedoch das Problem eher bestärkt als gelöst. Wer es hingegen schafft, zugewandt, aber unnachgiebig zu sein, hat große Chancen, das Gezeter beim nächsten Einkauf nicht mehr zu erleben.

Die Supermarktkasse ist ein perfektes Gleichnis für das Erlernen einer Frustrationstoleranz – will heißen: eben ein Objekt der Begierde nicht zu bekommen. Tatsächlich zeigen Hunde ein ähnliches Verhalten wie Kinder an der Supermarktkasse, nur in anderen Situationen. Frustrationstoleranz wird also auch bei ihnen genau dann trainiert, wenn sie am Ende nicht bekommen, was sie möchten.

GUT ZU WISSEN

Frustrationstoleranz ist nicht nur Selbstbeherrschung! Oft wird die Frustrationstoleranz mit einem anderen Training verwechselt: dem der Selbstbeherrschung oder auch Impulskontrolle genannt. Beide Begriffe meinen ähnliche Situationen, jedoch mit unterschiedlichen Ausgängen. Bei der Frustrationstoleranz bekommt der Hund nicht seinen Willen. Bei der Selbstbeherrschung lernt er zu warten, damit sein Wunsch in Erfüllung geht. Steht er vor dem vollen Napf und muss warten, bis er fressen darf, trainiert das die Selbstbeherrschung. Steht er vor etwas Leckerem und darf es gar nicht nehmen, ist das eine Übung für die Frustrationstoleranz.

Eine solide Frustrationstoleranz ist für unsere Ziele und Anforderungen eine Schlüsselkompetenz, denn sie ist nötig, um gemeinsam anstrengende Erlebnisse zu meistern. Sie erleichtert es uns und dem Hund, entspannt zu bleiben. Es lohnt sich also sehr, sich in unterschiedlichen Situationen immer wieder daran zu erinnern, unseren Hund auf seine Frustrationstoleranz zu prüfen.

ANALYSE VON HUND UND MENSCH

Beim Thema Beziehung geht es auch immer um unseren Charakter – und den des Gegenübers. Ein realistisches Bild der Konstitution unseres Hundes erleichtert das Training, sorgt für Verständnis und räumt so manches Missverständnis aus.

Wir Menschen unterscheiden uns voneinander, genauso wie auch unsere Hunde sich voneinander unterscheiden. Menschen und Hunde sind verschieden aufgrund einer Kombination von genetischen Faktoren und Umwelteinflüssen, aber auch von Erziehung, Bildung und persönlichen Erfahrungen. Jedes Lebewesen hat eine einzigartige Kombination dieser Faktoren, die dazu führt, dass wir alle individuell sind. Es ist diese Vielfalt, die unsere Welt so interessant und bunt macht.

Bei Hunden haben wir mal mehr und mal weniger Einwirkungsmöglichkeiten darauf, welche der verschiedenen Faktoren besonderen Einfluss auf sie ausüben. Je nachdem, in welchem Alter wir unseren Vierbeiner bekommen, welche Vorerfahrungen er bereits gemacht hat und in welchem Umfeld wir uns bewegen, können wir seinen Charakter mitformen.

Die genetische Veranlagung, die Lebenserfahrung, die Erziehung, die Umgebung und die Entscheidungen, die getroffen werden, formen im Lauf der Zeit die Persönlichkeit unseres Hundes und beeinflussen, wie er sich in den unterschiedlichsten Situationen verhält. Es ist eine komplexe Mischung aus biologischen, psychologischen und sozialen Einflüssen, die dazu führen, dass sein Charakter so ist, wie er ist. Tierschutzhunde mit unbekannter Vergangenheit stellen ihre Besitzer daher oft vor Rätsel.

DIE VERSCHIEDENEN HUNDETYPEN

Wir unterscheiden in diesem Ratgeber, wie auch schon in André Vogts Bestseller »Typgerechtes Welpentraining«, zwischen vier gängigen Hundetypen: dem Draufgänger, dem Sensiblen, dem Sturen und dem Gemütlichen. Doch natürlich ist nicht alles schwarz oder weiß. Die wenigsten Vierbeiner sind nur gemütlich oder nur draufgängerisch. Auch ein Wechsel vom Sensibelchen zum Draufgänger ist im Laufe der Entwicklung eines Hundes durchaus möglich.

Schauen wir uns nun zunächst die charakteristischen Wesensmerkmale der vier Hundetypen im Detail an.

Der Draufgänger

Diesen Typ Hund sollten Sie stark fordern und fördern. Gehen Sie mit ihm ins Unterholz, stellen Sie ihm Mutproben und beziehen Sie ihn vom Welpenalter an stark auf sich. Sie müssen dem Draufgänger beweisen, dass Sie die Dinge im Griff haben und ihn anleiten können. Vielfach bringt er sich selbst in Gefahr und überschätzt seine Fähigkeiten und Möglichkeiten. Durch seinen Mut gerät er häufig in prekäre Situationen.

Mit dem Draufgänger haben Sie einen sehr sicheren Vierbeiner, der vor nichts Angst hat und deshalb alles mitmacht. Beim Training sind diese

Ein Draufgänger hat vor nichts Angst. Er will am liebsten alles und sofort. Dieser Hund ist sehr aktiv und hat große Freude am Rennen.

Hunde oft äußerst motiviert und begeisterungsfähig. Wenn man ihr Interesse geweckt hat, arbeiten sie gern mit, doch leider lassen sie sich auch schnell ablenken. Die Konsequenz ist, dass man sich als Besitzer immer wieder interessant für den Hund machen muss. Je abwechslungsreicher und variabler mit ihm gearbeitet wird, umso lieber wird er mitmachen.

Mit einem hohen Anspruch und genug Förderung sind diese Hunde leicht zu erziehen. Langweilen sie sich allerdings, so suchen sie sich auch schnell mal eigene Beschäftigungen und zeigen scheinbar keine Bereitschaft, sich für ihren Besitzer zu engagieren.

Der Draufgänger ist nicht selten auch halsbrecherisch unterwegs. Daher sollte man als Mensch ebenso in der Lage sein, eine ausbremsende Funktion einzunehmen, und es leisten können, einen Draufgänger im Energielevel herunterzuregulieren.

Der Sensible

Dieser Typ Hund ist vor allem sehr empfindlich und feinfühlig, und er verhält sich in der Regel vorsichtig, manchmal auch unsicher. Er braucht Zeit, Dinge zu untersuchen und als ungefährlich abzuspeichern. Dieser feinfühlige Vertreter der Hundegesellschaft ist meist sehr anhänglich. Er kennt stets Ihre momentane Stimmung. Stärker noch als andere Hunde wird er sie spiegeln. Im Training wird er versuchen, Ihnen alles recht zu machen. Versteht er Sie nicht, wird er, statt es auszuprobieren, lieber gar nichts mehr versuchen. Zu groß ist seine Sorge, sich falsch zu verhalten. Obwohl er sich so konträr zum Draufgänger verhält, tun auch einem sensiblen Hund Mutproben durchaus gut. Denn sie stärken sein Selbstbewusstsein und nehmen ihm vielleicht auch den einen oder anderen Angstmoment.

Der Sensible ist vorsichtig und braucht häufig etwas länger, Neues zu akzeptieren. Nimmt man darauf Rücksicht, dankt er dies mit besonders großer Anhänglichkeit.

Von allein macht der sensible Hund nicht viel. Er braucht die Animation seines Menschen, um die Welt zu entdecken und daran Spaß zu entwickeln. Bei Spaziergängen wird er seinen Radius nicht vergrößern, sondern lieber an Ihrer Seite bleiben. Er hat Sorge, seine Menschen zu verlieren, und findet vieles gruselig. Alles in allem ist er sehr vorsichtig, doch das ist absolut in Ordnung, denn jeder Vierbeiner hat sein eigenes Tempo. Hunde vom Typ Sensibelchen brauchen von ihrem Halter viel Einfühlungsvermögen und einen ruhigen Umgang mit ihm.

Der Sturkopf

In diesem Zusammenhang muss man sich zunächst einmal fragen: Sind Hunde im menschlichen Sinne stur? Wir hören es häufig von Hundehaltern, aber sind deren Vierbeiner wirklich stur? Sicher nicht. Trotzdem bleiben wir in diesem Buch bei der Charakterbeschreibung des Sturkopfs, erklären aber, was wir darunter verstehen. Sogenannte Sturköpfe sind in der Regel besonders selbstständige Hunde, die sehr gern ihre eigenen Entscheidungen treffen. Sie glauben oft, sie kämen auch ohne Menschen wunderbar zurecht.

Der Sturkopf fragt gern nach, ob etwas, das Sie von ihm wollen, nötig und sinnvoll ist. Und er testet, mehr noch als andere Charaktere, seine Grenzen aus. Dadurch wirkt dieser Vierbeiner im landläufigen Sinne stur. Einen Sturkopf zu trainieren ist anspruchsvoll – aber genau deshalb auch sehr spannend. Denn sein Halter muss immer ein wenig mehr tun, um ihn zu überzeugen, mitzumachen. Dafür ist es sehr praktisch, ihn gut zu beobachten. Was bereitet ihm besonders viel Spaß? Und wie kann man diese Freude nutzen, um den Sturkopf in einer anderen Lage zu besiegen? Ja, ganz schön herausfordernd! Aber deshalb ist es auch so schön und wichtig, direkt früh zu starten. Denn ein vermeintlich sturer Hund kann sich auch zu einem sehr klugen Weggefährten entwickeln. Hunde von diesem Typus brauchen einen Menschen, der noch ein bisschen beharrlicher ist als sie selbst. Klare Vorgaben für das gemeinsame Zusammenleben und ein starkes Durchsetzungsvermögen des Halters zahlen sich beim Sturkopf besonders aus.

Der Sturkopf ist sehr selbstständig und recht eigensinnig. Er testet gern seine Grenzen aus. Doch wer ihn überzeugt, hat in ihm einen zuverlässigen und klugen Begleiter.

Der Gemütliche

Dieser Hundetyp liegt gern auf einem angenehmen Ruheplatz und beobachtet seine Welt von dort aus. Oft bemerkt man ihn gar nicht, weil er sich so ruhig verhält. Die Gemütlichen haben am liebsten ein Gelände, das sie gut überschauen und auf diese Weise auch überwachen können.

Der Gemütliche entdeckt die Welt am liebsten von seinem Ruheplatz aus. Er braucht geduldige Menschen, die ihn zum Mitmachen bewegen.

Dieser Typ Hund ist gern an Ihrer Seite und nicht sehr anfällig für entgegenkommende Reize wie Jogger, Radfahrer oder andere Mensch-Hund-Teams. Denn darauf einzugehen, bedeutet Bewegung und das Aufbringen von Energie. Mit einem gemütlichen Hund haben Sie eher weniger Probleme, aber auch eine große Herausforderung: und zwar die, ihn aus sich herauszulocken, ihn zu Kommunikation und zum Spiel anzuregen. Denn dann merkt auch der Gemütliche, dass ein bisschen toben doch viel Spaß bereiten kann. Alles, was der Gemütliche tut, macht er mit Bedacht. Er scheint oft nachzudenken. Hat er etwas sicher verstanden, wird er es ein Leben lang nicht vergessen. Er hat in allem sein eigenes Tempo. Im Training kann es passieren, dass man denkt, dieser Vierbeiner lernt das nie! Aber drei Tage später führt er die Übung aus, als hätte er zuvor nie etwas anderes getan. Diese Hunde brauchen viel Zeit und vor allem geduldige Menschen.

DIE VERSCHIEDENEN MENSCHENTYPEN

Es gibt viele verschiedene Wege zur Klassifizierung von Persönlichkeitstypen. Vom A- und B-Typen-Modell bis hin zu einem Modell mit 16 verschiedenen Persönlichkeitstypen existieren unterschiedlichste Verfahren, um die mannigfachen Charaktere von uns Menschen zu identifizieren. Letztendlich gibt es unendlich viele Möglichkeiten, Persönlichkeiten zu klassifizieren, da jeder Mensch einzigartig ist.

In den vergangenen Jahren bemerkten wir in unserem Hundetraineralltag jedoch auch immer wiederkehrende Charakterzüge bei unterschiedlichsten Menschen, die wir in unserem Ratgeber in vier Kategorien einteilen. Wir unterscheiden den Manager, den Chaoten, den Empathen und den Strukturierten. Bevor wir in die Beschrei-

Sich gegen Widerstände durchzusetzen, gehört zu den wichtigsten Aufgaben eines Hundehalters.

Die richtige Einstellung zum Hund und seinem Verhalten macht aus Mensch und Hund ein gutes Team.

bungen der einzelnen Hundebesitzertypen einsteigen, möchten wir ein paar grundlegende Charaktereigenschaften beschreiben, die wir an Hundehaltern besonders schätzen.

1. Konsequenz, Verbindlichkeit und Konstanz

»Ein Hund? Oh, da musst du aber konsequent sein!« Dieser Ausruf ist uns beiden mehr oder weniger häufig entgegnet worden, als wir Freunden und Bekannten von dem Plan des ersten eigenen Hundes berichteten. Aber was heißt das überhaupt, dieses »konsequent sein«? Ist das so schlimm, wie es sich anhört?

Oft hat der Begriff »Konsequenz« einen negativen Beigeschmack. Viel zu häufig wird er mit herrischer Strenge gleichgesetzt. Konsequenz in der Hundeerziehung bedeutet für uns allerdings viel mehr Verlässlichkeit. Und für den Hund heißt das nichts anderes, als dass der Mensch seine Handlungen und Entscheidungen ohne Abweichungen oder Widersprüche umsetzt. Man bleibt bei seinen Prinzipien und Zielen und lässt sich nicht leicht von anderen Meinungen oder Einwirkungen beeinflussen. Konsequentes Verhalten zeigt sich in einer klaren Linie und einer konstanten Umsetzung von einheitlichen Regeln oder Vorgaben.

Verbindlichkeit bezieht sich auf die Eigenschaft einer Person, die dazu neigt, ihre Versprechen, Vereinbarungen und Verpflichtungen ernst zu nehmen und zuverlässig einzuhalten. Eine verbindliche Person ist verlässlich und pünktlich, sie hält sich an Abmachungen. Sie zeigt ein hohes Maß an Verantwortungsbewusstsein und Zuverlässigkeit in ihren Handlungen und Entscheidungen. Verbindlichkeit ist eine wichtige Eigenschaft, um Vertrauen aufzubauen und ein respektvolles Miteinander zu fördern.

2. Durchsetzungsvermögen und Bestimmtheit
Möchten Sie sich konsequent, konstant und verlässlich zeigen, darf auch eine Portion Durchsetzungsvermögen nicht fehlen. Durchsetzungsvermögen bezieht sich auf die Fähigkeit eines Hundebesitzers, die eigenen Interessen, Meinungen und Ziele effektiv zu vertreten und durchzusetzen. Menschen mit Durchsetzungsvermögen können klar kommunizieren, ihre Standpunkte überzeugend vertreten und konstruktiv mit Konflikten umgehen. Sie sind in der Lage, für sich selbst einzutreten, Grenzen zu setzen und ihre Ziele zu verfolgen, auch wenn es Widerstand oder Hindernisse gibt. Durchsetzungsvermögen ist eine wichtige soziale Kompetenz, die nicht nur in der Hundeerziehung, sondern auch in vielen Lebensbereichen wie im Beruf, in zwischenmenschlichen Beziehungen und bei der Bewältigung von Herausforderungen von Vorteil ist.

Haben Sie in der Hundeerziehung also einen klaren Plan vor Augen und wissen, wo Sie hinmöchten, ist Entschlossenheit und Bestimmtheit notwendig. Denn Sie werden früher oder später auf Widerstände stoßen, das ist ganz natürlich. Ihr Hund wird sicherlich irgendwann einmal eine Regel oder Grenze infrage stellen und damit Ihr Durchsetzungsvermögen prüfen.

Menschen mit Bestimmtheit haben also klare Ziele vor Augen, sie wissen, was sie wollen, und setzen sich entschlossen dafür ein, diese Ziele zu erreichen. Sie lassen sich nicht von anderen Menschen oder gar dem eigenen Hund ablenken oder beeinflussen und bleiben standhaft in ihren Entscheidungen. Bestimmtheit kann auch bedeuten, dass eine Person selbstbewusst und überzeugend auftritt und ihre Meinung klar und deutlich vertritt. Menschen mit Bestimmtheit sind oft zielorientiert, fokussiert und beharrlich in ihrem Handeln.

Der Manager

Der Manager-Typ ist sehr ambitioniert und klar, oft tritt er dominant auf und steckt sich hohe Ziele in Sachen Hundeerziehung. Er hängt die Messlatte des Hundetrainings hoch und trainiert viel und ehrgeizig, um seine Ziele zu erreichen. Er mag den Wettstreit und trifft schnelle Entscheidungen. Das Training mit seinem Hund gestaltet er nach einem strukturierten Plan und zieht sein Ding durch. Er trainiert eifrig und genau. Dabei folgt er gern seinen täglichen Routinen und vertritt seine Meinung auch vor anderen Hundebesitzern. Mit konstruktiver Kritik durch den Hundetrainer kann er oft gut umgehen.

Häufige Schwierigkeiten: Der Manager kann sich kaum zurücknehmen. Es fällt ihm schwer, die eigenen Ansprüche im Sinne des Hundes anzupassen und gegebenenfalls zurückzuschrauben. Wenn etwas nicht nach seinem eigentlich gefassten Plan läuft, wird er schnell auch mal ärgerlich und frustriert.

Der Manager muss nicht unbedingt sportlich sein, doch er ist stets zielstrebig in seinem Tun.

Der Chaot ist der Meister des Chaos – allerdings ganz im positiven Sinne.

Der Chaot

Der Chaot entscheidet vieles aus seinem Bauch heraus, völlig spontan und auch immer abhängig von seiner jeweiligen Stimmung. Er gestaltet das Training mit seinem Vierbeiner kreativ, ideenreich und fantasievoll. Durch seine träumerische Art kann er sich gut vorstellen, wie sich sein Liebling entwickeln wird. Allerdings neigt er auch zu Spekulationen und interpretiert viel in das Verhalten des Vierbeiners hinein. Je nach Hundesachverstand kann das sowohl hilfreich als auch hinderlich oder gar irreführend sein. Er erkundet mit seinem Hund gern neue Orte und ist offen für den Austausch mit anderen Hundebesitzern, durch die er sich inspirieren lässt.

Häufige Schwierigkeiten: Bei all der Kreativität kann es dazu kommen, dass der Chaot planlos und unstrukturiert mit seinem Vierbeiner trainiert. Er bleibt selten lange und beständig bei einer Methodik und lässt sich von äußeren Einflüssen ablenken.

Der Empath

Wie sein Titel schon vermuten lässt, ist dieser Menschentyp ausgesprochen empathisch. Er sorgt sich sehr um andere und ist ganz besonders harmoniebedürftig. Er besitzt die Fähigkeit, sich in die Lage des Hundes hineinzuversetzen, seine Emotionen zu spüren und auf ihn einzugehen. Der Empath kümmert sich hingebungsvoll um seinen vierbeinigen Liebling, macht sich viele Gedanken um dessen Zustand und ist eine eher nachsichtige Person.

Häufige Schwierigkeiten: Der Empath ist eher konfliktscheu und nachgiebig, er neigt bisweilen dazu, den Hund allzu sehr zu vermenschlichen. Dabei lässt er seinem Vierbeiner häufig gern auch mal zu viel Freiraum für dessen Ideen und Bedürfnisse und stellt dafür seine eigenen viel zu oft hintan. Korrekturen oder gar schimpfen mit dem Hund fallen dem Empathen ebenso schwer wie objektiv zu bleiben und rationale Entscheidungen zu treffen.

Der Empath ist vielleicht an der einen oder anderen Stelle etwas zu nachgiebig.

Der Strukturierte hat einen klaren Plan vor Augen und möchte möglichst daran festhalten.

Der Strukturierte

Der Strukturierte startet das Zusammenleben mit seinem Vierbeiner völlig unbefangen und gestaltet das Training klar und sachlich. Er macht sich einen wohldurchdachten Plan und denkt die Trainingssituation dabei umsichtig zu Ende. Dabei trifft er überlegte Entscheidungen, ist eher ein Theoretiker und gern auch sehr vernünftig. Spontane Planänderungen entsprechen nicht seinem Naturell und verunsichern ihn, denn er lebt gern im gleichen Trott. Durch die daraus oft resultierende Verlässlichkeit der Strukturen fällt es ihm leicht, dem Hund Sicherheit zu vermitteln und Grenzen zu setzen. Er entscheidet gern objektiv und erfahrungsgebunden.

Häufige Schwierigkeiten: Dem Strukturierten fällt es oft sehr schwer, Emotionen zu zeigen und sich auch mal laut und überschwänglich zu freuen. Seine sachliche Art bremst ihn manchmal aus, und es gehört nicht zu seinen Stärken, Liebe und Nähe zu zeigen.

DAS ABENTEUER BEGINNT

Haben Sie sich wiedererkannt? Vielleicht auch nur in Teilen? Natürlich gibt es auch hier nicht nur Schwarz und Weiß. Kein Mensch ist entweder der eine oder der andere Charakter, dafür sind unsere Persönlichkeiten zu individuell und abwechslungsreich. Wenn Sie sich unsicher sind, zu welchem Charaktertyp Sie und Ihr Hund gehören, machen Sie doch einfach unsere spannenden Tests ab Seite 36.

Hundetraining ist für uns immer wieder ein Abenteuer, und es wird aufgrund der unterschiedlichsten Charakterkombinationen von Hund und Halter nie langweilig. Auch Sie werden im Lauf dieses Buches den verschiedenen Charakteren immer wieder begegnen, und da Sie sich nun bewusst darüber werden konnten, welcher Charaktertyp zu Ihnen und Ihrem Vierbeiner passt, fällt Ihnen sicherlich auch das Training deutlich leichter.

Vielleicht sind Sie überrascht, dass nicht nur der Charakter Ihres Vierbeiners für uns eine Rolle spielt. Sich selbst zu hinterfragen und den eigenen Charakter zu beleuchten, schafft ein erstes Bewusstsein. Ihre Persönlichkeit beeinflusst Ihr Verhalten und Ihre Entscheidungen und hat deshalb natürlich auch direkte Auswirkungen auf den Umgang mit Ihrem Hund. Es lohnt sich also, sich auch einmal selbst zu spiegeln.

Wir hoffen, dass Sie die Wichtigkeit dieser Thematik erkennen und wir Sie dazu motivieren konnten, uns auf der spannenden Reise in die Welt unserer Hunde zu begleiten. Auf geht's zu Kapitel zwei.

Rechte Seite: Das Kuschelhormon Oxytocin wird beim Kontakt zwischen Hund und Mensch ausgeschüttet. Es verbindet und baut Stress ab.

WELCHEN HUNDETYP HABEN SIE? DER ULTIMATIVE TEST

Sicherlich fragen Sie sich, in welche Kategorie Ihr Vierbeiner passt, oder vielleicht haben Sie auch schon eine Idee? Um die Analyse zu erleichtern, haben wir für Ihren vierbeinigen Liebling einen Persönlichkeitstest zusammengestellt. Wie bereits beschrieben, ist nur selten ein Hundetypus einer einzigen Kategorie vollkommen zuzuordnen, denn jeder Hund trägt Eigenschaften von verschiedenen Typen in sich – und das ist auch gut so! Denn Ihr Hund ist – genau wie Sie – einzigartig. Trotzdem kann es in der Erziehung von Vorteil sein, das Gemüt des Vierbeiners grob zu bestimmen. In Kapitel 3 dieses Buches finden Sie zu den Trainings und Übungen entsprechende Tipps und Tricks, die eine typgerechte Erziehung ermöglichen und Ihnen so manches Mal das Leben einfacher machen können. Dieser Test hilft Ihnen bei der Einschätzung. Betrachten Sie die Fragen und die dargestellten Situationen als lockeres Kennenlernspiel! Viel Spaß dabei.

1. Neue Situation

Wie reagiert Ihr Hund auf neue Situationen oder Umgebungen?

A Er stürzt sich sofort neugierig in jede neue Situation und erkundet alles.
B Er wirkt unsicher und braucht Zeit, um sich an Neues zu gewöhnen.
C Er zeigt wenig Interesse und bleibt lieber bei ihm Bekanntem.
D Er nimmt alles gelassen und passt sich schnell an.

2. Andere Hunde

Wie verhält sich Ihr Hund gegenüber anderen Hunden?

A Er ist sehr verspielt und sucht aktiv den Kontakt zu anderen Hunden.
B Er ist vorsichtig und beobachtet seine Artgenossen zunächst aus der Distanz.
C Er zeigt Dominanzverhalten und möchte gern die Situation kontrollieren.
D Er geht Konflikten aus dem Weg und vermeidet Auseinandersetzungen.

3. Laute Geräusche

Wie reagiert Ihr Hund auf laute Geräusche oder ungewohnte Situationen?

A Er zeigt zwar keine Angst, wird aber etwas nervös.
B Er reagiert ängstlich oder nervös und sucht Schutz bei Ihnen oder versteckt sich sogar.
C Er zuckt vielleicht kurz zusammen, zeigt aber keine lang anhaltende Reaktion.
D Er bleibt ganz gelassen und entspannt.

4. Beim Training

Wie reagiert Ihr Hund auf Trainingseinheiten oder neue Kommandos?

A Er ist sehr motiviert und lernt schnell neue Tricks.
B Er braucht viel Geduld und positive Verstärkung, um Neues zu lernen.
C Er testet gern Ihre Grenzen und ignoriert manchmal auch einfach Ihre Anweisungen.
D Er ist entspannt und folgt Ihren Anweisungen in seinem Tempo.

5. Auf Spaziergängen

Wie verhält sich Ihr Hund beim Spazierengehen?

A Er zieht an der Leine und möchte am liebsten überall schnüffeln.
B Er bleibt in Ihrer Nähe und schaut sich häufiger um, damit er die Situation im Blick behalten kann.
C Er entscheidet gern selbst, wohin es geht, auch wenn Sie eine andere Richtung vorgeben.
D Er läuft gemütlich neben Ihnen her und genießt die Umgebung.

6. Besucher im Haus

Wie reagiert Ihr Hund auf fremde Personen oder wenn Besucher zu Ihnen nach Hause kommen?

A Er begrüßt sie freudig und ist manchmal sogar etwas aufdringlich.
B Er beobachtet sie erst aus der Ferne und nähert sich nur langsam an.
C Er freut sich, entscheidet aber selbst, wann er zu wem hingeht.
D Er zeigt freundliches Interesse, legt sich aber auch schnell wieder entspannt hin.

7. Beim Tierarzt

Wie verhält sich Ihr Hund in stressigen Situationen wie Tierarztbesuchen?

A Er bleibt ruhig und gelassen, auch in ungewohnten Situationen.
B Er wird ängstlich oder nervös und sucht Schutz bei Ihnen. Manchmal versucht er sogar zu fliehen.

C Er hat keine Angst, lässt sich jedoch nur widerwillig ins Behandlungszimmer bringen und muss manchmal sogar gezogen werden.
D Ihm scheint Stress nicht viel auszumachen, er bleibt ganz gelassen.

8. Belohnungen

Wie reagiert Ihr Hund auf Lob oder Belohnungen?

A Seine Rute wedelt vor Begeisterung, und er freut sich über jede Belohnung.
B Lob motiviert ihn zusätzlich, aber er braucht auch viel soziales Lob.
C Belohnungen sind ihm oft egal, er macht nur mit, wenn er will – es sei denn, es gibt etwas ganz Besonderes.
D Belohnungen werden dankbar angenommen, aber nicht übertrieben gefeiert.

9. Spielen

Wie verhält sich Ihr Hund beim Spielen mit Spielzeug?

A Er ist sehr aktiv – ihm kann es nicht wild genug sein.
B Er verhält sich vorsichtig und spielt eher sanft.
C Er verhält sich variabel – so wie er gerade Lust hat.
D Er bleibt gelassen und lässt sich nur schwer zum aktiven Spiel motivieren.

10. Sofaverbot

Wie verhält sich Ihr Hund, wenn Sie nicht möchten, dass er auf das Sofa kommt?

A Er sitzt freudig vor Ihnen und wedelt mit der Rute.
B Er zeigt sich demütig und möchte sich fast entschuldigen.
C Er versucht, immer wieder erneut auf das Sofa zu gelangen.
D Er geht entspannt weg und sucht sich einen anderen gemütlichen Liegeplatz.

11. Bevorzugtes Umfeld

Welche Art von Umgebung bevorzugt Ihr Hund?

A eine aktive und abwechslungsreiche
B eine ruhige und harmonische
C eine strukturierte und klare
D eine entspannte und gemütliche

12. Fremde Hunde

Wie reagiert Ihr angeleinter Hund bei dem Spaziergang auf entgegenkommende Fremdhunde?

A Er ist freudig erregt und möchte am liebsten zu dem anderen Artgenossen hinlaufen.
B Er ist zurückhaltend und setzt sich neben oder sogar hinter Sie.
C Er will mit allen Mitteln zu dem anderen Hund und bellt eventuell sogar.
D Sie können mit Ihrem Hund entspannt an dem anderen Artgenossen vorbeigehen.

13. In der Gruppe

Welche Rolle nimmt Ihr Hund in Gruppensituationen ein?

A Er ist der Wilde, der Schwung in die Gruppe bringt und gern tobt.
B Er bleibt der stille Beobachter, der zunächst die Situation analysiert.
C Er tritt eher als Eigenbrötler auf, der gern die Führung übernimmt oder sich zurückzieht.
D Er ist der Friedliebende, der mit allen gut klarkommt, aber auch oft sein eigenes Ding macht.

14. Einschränkungen

Wie reagiert Ihr Hund auf Regeln oder Einschränkungen?

A Er ignoriert sie – Regeln sind ihm nicht so wichtig.
B Er akzeptiert sie und passt sich meistens an.
C Er leistet Widerstand und testet gern Grenzen aus.
D Er bleibt ganz gelassen. Regeln stören ihn nicht, man muss sie ihm aber häufiger erklären.

15. Vorlieben

Was macht Ihren Hund besonders glücklich?

A Action und Bewegung
B Zuwendung und Aufmerksamkeit
C Freiheit und Selbstbestimmung
D Ruhe und Entspannung

16. Aufbruch

Wie verhält sich Ihr Hund, wenn er merkt, dass Sie zum Spaziergang aufbrechen?

A Er freut sich und lässt sich Halsband und/oder Geschirr gern anziehen, ist dabei aber sehr aufgeregt.
B Er kommt freundlich zu Ihnen, das Anziehen des Geschirrs bereitet ihm jedoch Unbehagen.
C Er läuft direkt zur Haus- oder Wohnungstür, lässt sich nur widerwillig anziehen und schiebt am liebsten als Erster den Kopf durch die Tür.
D Er kommt freundlich zu Ihnen, lässt sich ruhig anziehen und freut sich gemächlich, wenn's losgeht.

TESTAUFLÖSUNG

Zählen Sie nun bitte zusammen, wie oft Sie die Buchstaben A bis D angekreuzt haben. Können Sie einen Schwerpunkt bei einem Buchstaben feststellen? Hier ist die Auflösung unseres kleinen Hundetypentests:

A DER DRAUFGÄNGER
Wenn Ihre Antworten beim Buchstaben A überwiegen, ist Ihr Hund vermutlich ein echter Draufgänger, der seine Welt mit Karacho erkundet. Sicherlich werden Sie ihn so manches Mal in seinem Eifer bremsen müssen.

B DER SENSIBLE
Wenn Sie Ihren Hund vorwiegend in den Reaktionen unter Buchstabe B wiedererkannt haben, ist er der Sensible. Diesem Hundetyp sind viele Dinge unheimlich. Ihn müssen Sie sanft und mit viel Verständnis und Geduld mit seiner Umwelt vertraut machen.

C DER STURKOPF
Liegen Ihre Antworten oft beim Buchstaben C, haben Sie einen Sturkopf vor sich. Das bedeutet, dass es sich um einen sehr klugen, oft furchtlosen Hund handelt, der allerdings auch seine eigenen Interessen verfolgt. Haben Sie das erkannt, können Sie ihn besonders motivieren und staunen, wozu er fähig ist.

D DER GEMÜTLICHE
Haben Sie oft beim Buchstaben D Ihr Kreuzchen gesetzt? Dann gehört Ihr Hund eindeutig zu den Gemütlichen. Dieser Hundetyp geht die Dinge ruhig an, ist in den meisten Situationen sehr sicher und handelt meist überlegt. Fördern Sie Ihren Hund entsprechend, dann wird er immer häufiger auch aus sich herausgehen.

WELCHER TYP MENSCH SIND SIE? DER ULTIMATIVE TEST

Haben Sie sich jemals gefragt, warum Sie in bestimmten Situationen auf eine gewisse Weise reagieren oder warum sich Ihr Hundetraining von dem anderer Menschen unterscheidet? Wir haben diesen Test entwickelt, um Ihnen dabei zu helfen, Ihre Persönlichkeit besser zu verstehen und herauszufinden, worauf Sie im Training mit Ihrem Hund achten sollten. Uns ist wichtig zu betonen, dass es keine richtigen oder falschen Antworten gibt. Es geht darum, ehrlich zu sich selbst zu sein und die eigenen Gedanken und Gefühle zu reflektieren. Wir laden Sie herzlich dazu ein, diesen Persönlichkeitstest als Möglichkeit zur Selbstreflexion und persönlichen Weiterentwicklung zu nutzen. Entdecken Sie mehr über sich selbst. Nehmen Sie sich Zeit für diesen Test und seien Sie offen für neue Erkenntnisse über sich selbst. Viel Spaß beim Erkunden Ihres einzigartigen Charaktertyps.

1. Bei Stress

Wie reagieren Sie in stressigen Situationen?

A Ich behalte einen kühlen Kopf und auf diese Weise auch den Überblick.
B Ich versuche, die Emotionen anderer zu verstehen und sie zu beruhigen.
C Ich suche nach klaren Strukturen und Plänen, um mich zu orientieren.
D Ich fühle mich schnell überfordert und habe Schwierigkeiten, meine Gedanken zu ordnen.

2. Verantwortung

Wie gehen Sie mit Verantwortung um?

A Ich übernehme gern Verantwortung und delegiere Aufgaben effektiv.
B Ich kümmere mich gern um das Wohlergehen anderer und stehe ihnen bei Bedarf zur Seite.
C Ich plane und organisiere gern im Voraus, um sicherzustellen, dass alles reibungslos läuft.
D Ich lasse mich oft von anderen leiten und habe Schwierigkeiten, Entscheidungen zu treffen.

3. Ordnung im Leben

Wie wichtig sind Ihnen Ordnung und Struktur in Ihrem Leben?

A Sehr wichtig, denn ich mag es, Dinge geplant und organisiert zu haben.
B Es ist mir wichtig, aber ich bin auch flexibel und kann mich anpassen.
C Ich brauche klare Strukturen, um effizient arbeiten zu können.
D Ordnung ist nicht meine Stärke, ich bevorzuge eher spontane Entscheidungen.

4. Kommunikation

Wie kommunizieren Sie mit anderen Menschen?

- **A** Direkt und klar, um Missverständnisse von vornherein zu vermeiden.
- **B** Einfühlsam und empathisch, um auf die Bedürfnisse anderer einzugehen.
- **C** Strukturiert und präzise, um Informationen effektiv zu vermitteln.
- **D** Chaotisch und unorganisiert, und manchmal fällt es mir auch schwer, meine Gedanken auszudrücken.

5. Konfliktbewältigung

Wie gehen Sie mit Konfliktsituationen um?

- **A** Ich versuche, Konflikte schnell zu lösen und eine Win-win-Lösung zu finden.
- **B** Ich höre den Standpunkt aller Beteiligten an und versuche, eine harmonische Lösung zu finden.
- **C** Ich analysiere die Situation rational und suche nach einer logischen Lösung.
- **D** Konflikte verunsichern mich, und ich versuche, sie zu vermeiden.

6. Zeitmanagement

Wie planen Sie Ihre Zeit?

- **A** Ich erstelle detaillierte Zeitpläne und halte mich strikt daran.
- **B** Ich lasse Raum für spontane Aktivitäten, aber plane wichtige Termine im Voraus.
- **C** Ich priorisiere meine Aufgaben nach Dringlichkeit und Wichtigkeit.
- **D** Zeitplan? Was ist das?

7. Veränderungen

Wie gehen Sie mit unerwarteten Veränderungen um?

- **A** Ich passe mich schnell an neue Situationen an und finde Lösungen.
- **B** Ich versuche, die Auswirkungen auf andere zu verstehen und sie dabei zu unterstützen.
- **C** Ich analysiere die Veränderungen rational und entwickle einen Plan B.
- **D** Unerwartete Veränderungen bringen mich aus dem Konzept.

Auch unser eigener Charakter hat einen großen Einfluss auf die Beziehung zu unserem Hund.

8. Teamarbeit

Wie wichtig ist Ihnen Teamarbeit?

- **A** Sehr wichtig, denn ich schätze die Zusammenarbeit mit anderen Kollegen.
- **B** Teamarbeit ist mir wichtig, aber ich achte auch auf individuelle Bedürfnisse.
- **C** Teamarbeit ist entscheidend für den Erfolg eines Projekts.
- **D** Teamarbeit fällt mir meist schwer, ich arbeite lieber allein.

9. Herausforderungen

Wie gehen Sie mit neuen Herausforderungen um?

- **A** Ich sehe neue Herausforderungen als Chance zum Wachstum und zur Weiterentwicklung.
- **B** Neue Herausforderungen motivieren mich dazu, mein Bestes zu geben.
- **C** Neue Herausforderungen erfordern eine strukturierte Herangehensweise zur Bewältigung.
- **D** Neue Herausforderungen bringen mich durcheinander und verunsichern mich.

10. Kritikfähigkeit

Wie reagieren Sie auf Kritik?

- **A** Ich nehme Kritik konstruktiv an und nutze sie zur Verbesserung meiner Leistungen.
- **B** Kritik kann mich zwar verletzen, aber ich versuche, daraus zu lernen.
- **C** Kritik hilft mir dabei, meine Arbeitsweise zu reflektieren und anzupassen.
- **D** Kritik veranlasst mich oft, mich auf die Suche nach neuen Wegen zu machen.

11. Leistungsdruck

Wie gehen Sie mit Druck um?

- **A** Ich habe Strategien entwickelt, um auch unter Druck effektiv zu arbeiten. Druck spornt mich an.
- **B** Druck belastet mich. Ich habe Sorge, nicht allem gerecht zu werden, aber ich suche auch nach Möglichkeiten zur Entspannung.
- **C** Struktur hilft mir dabei, auch unter Druck einen klaren Kopf zu bewahren.

Veränderungen fallen dem Chaoten besonders leicht. Er ist flexibel und hält nicht an starren Plänen fest.

D Ich habe so lange ein Organisationsproblem, bis ich ein Zeitproblem habe – aber unter Druck entstehen Diamanten.

12. Gruppenprojekte

Welche Rolle nehmen Sie in Gruppenprojekten ein?

A Ich bin die Führungsperson und organisiere die Arbeitsteilung.
B Ich bin eher Zuhörer und höre mir gern verschiedene Meinungen an.
C Ich bin der Organisator und sorge für Struktur im Projekt.
D Ich bin der Mitmacher und folge den Anweisungen der Gruppe.

13. Bevorzugte Eigenschaften

Welche Eigenschaften sind Ihnen bei anderen Menschen besonders wichtig?

A Durchsetzungsfähigkeit
B Empathie
C Zuverlässigkeit
D Spontaneität

14. Lieblingsarbeiten

Welche Art von Aufgaben erledigen Sie am liebsten?

A Planung von Projekten
B Unterstützung von anderen
C Organisation von Abläufen
D Kreative Tätigkeiten

15. Motivation

Was motiviert Sie am meisten im Berufs- oder Alltagsleben?

A Erfolgserlebnisse durch effektive Planung
B Das Wohl anderer Menschen
C Strukturierte Arbeitsabläufe
D Freiheit in der Gestaltung des Tagesablaufs

16. Wie sind Sie?

Welche Beschreibung trifft am ehesten auf Sie zu?

A Ich bin ein Organisationstalent mit einem klaren Blick für Details
B Ich bin einfühlsam gegenüber anderen Menschen.
C Ich lege großen Wert auf Struktur in meinem Leben.
D Ich bin spontan und sehr flexibel in meinen Entscheidungen.

TESTAUFLÖSUNG

Zählen Sie nun bitte zusammen, wie oft Sie die Buchstaben A bis D angekreuzt haben. Können Sie einen Schwerpunkt bei einem Buchstaben feststellen? Hier ist die Auflösung unseres kleinen Haltertypentests:

A DER MANAGER
Wenn Ihre Antworten beim Buchstaben A überwiegen, sind Sie eher der Typ Manager.

B DER EMPATH
Wenn Sie sich vorwiegend in den Reaktionen unter Buchstabe B wiedererkannt haben, sind Sie eher der Typ Empath.

C DER STRUKTURIERTE
Liegen Ihre Antworten oft beim Buchstaben C, sind Sie eher der strukturierte Typ.

D DER CHAOT
Haben Sie oft beim Buchstaben D Ihr Kreuzchen gesetzt? Dann sind Sie eher der Typ Chaot.

2 RAUBTIER UND BESTER FREUND

Hunde sind bekannt für ihre Treue, Intelligenz und Vielseitigkeit. Sie sind loyal und liebevoll gegenüber ihren Besitzern, und obwohl sie zu den beliebtesten Haustieren zählen, stammen sie doch von wilden Raubtieren ab. Wir beschreiben den Spagat zwischen artgerechter Haltung des wölfischen Nachfahren und unserem geliebten Vierbeiner als Sozialpartner.

PROBLEME UND IHRE URSACHEN

Jeder Weg hat seine Hürden, und so birgt auch die Erziehung eines Hundes Herausforderungen. Das beste Rüstzeug für diese Reise ist eine realistische Erwartungshaltung, was dem Vierbeiner und der gemeinsamen Beziehung guttut und was nicht.

Wie wir auf die Welt sehen, uns selbst positionieren und in ihr agieren, hängt stark mit unserem Mindset, also unserer Denkweise, zusammen. Und obwohl unser Mindset so eine bedeutende Rolle spielt, ist uns dies häufig gar nicht richtig bewusst. Glaubenssätze, mal bewusste und meist unbewusste, prägen unser Verhalten maßgeblich – und haben auch einen elementaren Einfluss auf die Beziehung zwischen uns und unserem Hund.

Dass uns als Hundetrainer der psychologische Begriff Mindset so leicht über die Lippen kommt, hat mit unserer Erfahrungswelt zu tun. Denn die Konsequenzen von einem bedenklichen Mindset gegenüber dem eigenen Vierbeiner tauchen bei uns in der Hundeschule regelmäßig, eigentlich sogar ziemlich häufig auf. Viele unserer Kunden konsultieren uns, wenn schon einiges schiefgegangen ist oder sich ein konkretes Problem anbahnt. Der Hund pöbelt an der Leine. Warum springt er ins Bett, obwohl ich es ihm verbiete? Und überhaupt: So richtiges Interesse scheint er nicht an mir, sondern nur an den Hunden aus der Nachbarschaft zu haben.

Für all diese Probleme gibt es durchaus Lösungen, aber vor allem Ursachen. Wir sind der Meinung: Erfolgreich gelöst sind diese »Schwierigkeiten« nur, wenn man sie an der Wurzel packt. Wir kleben in unserer Arbeit also nicht nur ein Pflaster auf die Wunde, indem wir über Technik und Konditionierung sprechen, sondern schauen viel tiefer hinein, direkt in die Beziehung zwischen Hund und Halter. Und die ist häufig ganz schön komplex.

Trotz der unterschiedlichen Beziehungen und der Vielfalt der Probleme gibt es aber meist ein Grundproblem. Daher ist es uns ein aufrichtiges Bedürfnis, den ehrenvollen Wunsch und seinen Folgeschluss – »lass uns best buddies sein« – als falsch und vor allem irreführend zu deklarieren.

»MEIN HUND, MEIN BESTER FREUND!«

Das klingt gut und ist okay – solange Sie diesen Wunsch als das begreifen, was er ist. Bei vielen Menschen, gerade bei denen, die sich als große Tierfreunde sehen, steckt allerdings in diesem ersten Glaubenssatz ein völlig falscher Schluss: mein bester Freund – und zwar zu Bedingungen, wie sie *mir* gefallen und wie sie *mir* entsprechen.

Doch genau diese Vermenschlichung kann die Ursache für die oben beschriebenen Probleme sein und somit eher zu einer Entfremdung anstatt zur erhofften Nähe führen. Ganz einfach, weil zwischen den Bedürfnissen und auch den Verhaltensweisen von Hunden und Menschen oft Welten liegen. Wer seine Denkmuster und sein Mindset einmal prüfen möchte, kann dies durch einen simplen Vergleich und eine immer goldrichtige Frage tun: Wie würden sich in dieser Situation Hunde untereinander verhalten?

HUNDE UNTER SICH

Wir haben Glück, dass wir für diesen Blick nicht Wildhunde in freier Wildbahn beobachten müssen, sondern es reicht schon aus, auf den Hundeplatz zu gehen oder Familien zu besuchen, in denen mehrere Hunde leben. Denn auch wenn unsere Vierbeiner domestiziert sind, ist ihr Verhalten zum Glück echt tierisch und für den Erhalt ihrer Art lebenswichtig.

Schauen wir uns zunächst einen konkreten Fall an: Ein Hund – sei es ein Welpe oder ein ausgewachsener Vierbeiner, vielleicht auch ein Hund aus dem Tierschutz – kommt in ein neues Zuhause. Sein neuer Besitzer ist seit Tagen schon aufgeregt, er war shoppen und ist nun gerüstet und mehr als einsatzbereit: dem Hund all seine Aufmerksamkeit und Liebe zu schenken und sein Ankommen zu zelebrieren.

Der Hund erhält nicht nur ein flauschiges Plätzchen, Unmengen an Leckerchen und neues Spielzeug, sondern vor allem bekommt er oft direkt größtmögliche Freiheit. Ihm wird das Haus gezeigt, er erhält jede Menge Streicheleinheiten, und ihm werden mit süßer Stimme Komplimente gemacht. Was er häufig nicht erfährt: die Regeln, die in dieser neuen Umgebung gelten. Schließlich soll er erst einmal ankommen, sich wohlfühlen – und seine neue Familie lieb gewinnen. Das ist für uns durchaus nachvollziehbar, und glauben Sie uns, auch wir möchten, dass unsere Hunde uns mögen. Wir versprechen Ihnen, das wird passieren, allerdings nicht ausschließlich durch die größtmögliche Auswahl an oben genannten Annehmlichkeiten.

Wie es innerhalb der eigenen Art abläuft, haben uns ältere Hunde, zu denen ein neuer Weggefährte zieht, schon oft auf eindrucksvolle Weise demonstriert: Auch der bereits integrierte, souveräne Hund begrüßt den Neuankömmling, um ihm dann aber erst einmal keine weitere Beachtung zu schenken. Außer es geht ans Regelwerk, denn seine persönlichen Grenzen setzt der ältere Hund deutlich. Er demonstriert, was erlaubt ist – und vor allem, wie es im neuen Zuhau-

Der neue Fokus der Familie: Zieht ein Welpe ein, dreht sich die Welt oftmals nur um ihn.

Auch Hunde untereinander zeigen Zuneigung. Doch wer das Sagen hat, ist deutlich sichtbar.

Im Spiel ist alles erlaubt. Was oft wild aussieht, hat nichts mit einer ernsten Auseinandersetzung zu tun.

se läuft und wer die Entscheidungen treffen darf. Und das ist in keinem Fall der Neue! Auf diese Weise wird der Neuankömmling miterzogen. Sobald die Verhältnisse geklärt sind, werden die Grenzen nach und nach gelockert.

Und wie verhält sich der neue Hund im Angesicht dieser Demonstration an Autorität? Er übernimmt die Regeln wie selbstverständlich – und fühlt sich gut aufgehoben, sicher und gerade deshalb pudelwohl.

Klingt gar nicht so schlecht, oder? Vor allem ziemlich artgerecht und Mut machend, alte Glaubenssätze endlich über Bord zu werfen und durch neue zu ersetzen. Denn ein echter Tierfreund nimmt seine Verantwortung ernst und kommt ihr nach. Er bietet seinem Hund genau diese Sicherheit und Klarheit, nach denen sich der Vierbeiner so sehr sehnt.

UNSER TIPP

Weg mit den alten Glaubenssätzen!
Schauen wir also noch einmal auf uns und verbannen alte Denkmuster: Wenn ich etwas verbiete, liebt mich mein Hund weniger. Er ist traurig, wenn ich Grenzen durchsetze. Wenn ich ihm alles gebe, wird er mir von Herzen dankbar sein.
Seien Sie mutig und trennen Sie sich von diesen Überzeugungen und Ängsten. Wir versprechen, es wird anders kommen, und die Beziehung zwischen Ihnen und Ihrem Hund wird schöner, als Sie es sich jemals erhofft haben.

TYPISCH HUND

Die eindrucksvolle Wahrnehmung der Hunde unterschätzt fast nahezu jeder Freund der Vierbeiner. Denn Hunde haben nicht nur ausgezeichnete Nasen, sie sind sogar echte Stimmungsbarometer. In diesem Kapitel sprechen wir über die Sensibilität und den Scharfsinn unserer Vierbeiner.

Beruf, Freundschaft, Beziehung – es ist eine Wahrheit, die uns in jeder Lebenslage begegnet: »Man kann nicht nicht kommunizieren«, sagte der Philosoph und Kommunikationswissenschaftler Paul Watzlawick. Und die Wahrheit, die hinter diesem Zitat steckt, ist so groß, dass sie auch unseren Joballtag als Hundetrainer und Ihren Alltag als Hundebesitzer tangiert.

Für die Kommunikation zwischen Mensch und Hund braucht es vielfach keine Worte. Hunde lesen unser Verhalten und unsere Mimik, »riechen« unsere Stimmung. Und sie lernen daraus und dabei – nicht nur, wenn wir mit ihnen bewusst trainieren. Sie beobachten uns vor allem jede Minute und Sekunde, in der sie nicht dösen oder schlafen. Deshalb ist ein konsequentes, stringentes Handeln entscheidend für unsere Glaubwürdigkeit.

Eltern werden das kennen: Wer von Spinat spricht und sich selbst von Fast Food ernährt, wird sein Kind nicht für eine gesunde Ernährung gewinnen können. Und wer auf dem Hundeplatz entschieden auftritt und zu Hause alles aufweicht, wird keinen verlässlichen Hund als seinen Partner erziehen können.

Die Hunde beobachten uns so konzentriert, weil sie uns gegenüber eine Erwartungshaltung haben: Sie erwarten Klarheit und Führung. Und belohnen sie im Gegenzug mit Akzeptanz (siehe Kapitel Akzeptanz, ab Seite 102).

Die Vierbeiner finden bei uns Halt. Besonders rührend empfinden wir, dass Hunde auch an Resilienz durch uns gewinnen. Begleiten wir unseren Liebling gelassen und ruhig durch stressige Momente, wird er dieselbe Situation auch ohne uns beim nächsten Mal als wenig aufregend empfinden. Wir sind sein sicherer Hafen, sein Indikator für Gefahr und auch sein Zutrauen in diese Welt.

Diese Verantwortung sollten wir mit Bewusstsein tragen und dem Hund gerade in neuen, noch unbekannten Momenten und Erlebnissen genau diesen Halt bieten. Reagieren wir positiv auf neue Objekte und Gegenstände, zum Beispiel einen lauten Traktor, ist es sehr wahrscheinlich, dass sich unser Vierbeiner schon bei der nächsten Traktorbegegnung total neutral verhält. Reagieren wir dagegen schreckhaft und warnend, überträgt sich die Unsicherheit auf den Hund, und er wird versuchen, diesen Gegenstand auch in Zukunft zu meiden.

WÜTEND, ÄNGSTLICH, FRÖHLICH SEIN

Hunde haben gute Nasen – und das im wahrsten Sinne. Unsere menschlichen Nasen nehmen nur etwa zwei Prozent der Gerüche wahr, die Hundenasen riechen. Die Vierbeiner können nicht nur Krankheiten erschnüffeln, sondern auch Stimmungen. Und da fällt jede Maskerade. Denn auch wenn wir uns als selbstsicher verkaufen, uns aber ängstlich fühlen, nimmt der Hund unsere wirkliche Stimmung wahr. Vielleicht liegt hier ein Grund, warum Mensch und Hund eine so tiefe Liebe verbindet: Hunde sind wirklich unsere Partner und begleiten uns auch emotional durch jede Lebenslage.

IM TEAM STARK WERDEN

Aus dieser wunderbaren Erkenntnis folgt für uns eine klare Handlungsempfehlung: Wir müssen echte Souveränität und Sicherheit im Umgang mit unserem Hund erlangen. Und das kann wirklich jede und jeder! Es ist unglaublich schön, den Menschen im Training mit seinem Hund wachsen zu sehen. Egal, wie unsicher ein Kunde startet, kann er durch Wissen, Übung und die richtige Perspektive für seinen Vierbeiner zum Leader werden. Dieses Über-sich-Hinauswachsen ist jedes Mal tief beeindruckend und erfüllt uns als Trainer mit echtem Stolz.

Wenn wir als Hundehalter handlungsfähig und sicher sind, dann können unsere Vierbeiner bei uns einen sicheren Hafen finden – ohne dass wir uns verstellen oder besonders bemühen müssen. Hunde spüren unsere Emotionen. Sie sind in der Lage, unser Gesicht präzise und differenziert zu deuten. Auch die Intonation der Sprache nehmen sie zur Kenntnis. Ärger, Resignation, Entspanntheit, Neugier, Freude – Hunde reagieren auf das ganze Spektrum unserer Gefühle, immer der Situation entsprechend. Sie können tröstend sein, wenn ihr Besitzer traurig ist, oder aufgeregt werden, wenn ihr Mensch glücklich ist. Diese Fähigkeit macht Hunde zu großartigen Begleitern und kann dazu beitragen, Stress abzubauen und das emotionale Wohlbefinden zu verbessern. Um Ihnen dies anhand zweier konkreter Beispiele zu veranschaulichen, erzählen wir nochmals aus unserem eigenen Leben.

Wenn Eva tanzt, tanzen die Hunde mit

»Wenn ich gute Laune habe, tanze ich durch die Wohnung. Ich fühle mich völlig frei, unbelastet, losgelöst – egal, wie viele Kilometer wir vorher gelaufen sind. Die Hunde kriechen dann aus ihren Körbchen, schauen mich mit schrägem Kopf an – und spielen und tanzen mit. Sie springen zu mir, spielen miteinander und leben dieselbe Freude wie ich. Aus einem Moment mit mir allein wird ein Gemeinschaftsgefühl, ein Teilen derselben Freude, wie ich es fast nur von Hunden kenne.«

André stößt auf Kubas Ängste

»Ich weiß nicht genau, was er in seinen zwei Jahren vorher erlebt hat. Kuba ist ein sehr groß gewachsener Malinois-Mix aus dem Tierschutz und mit zwei Jahren zu uns gekommen. Er hat vorher in Spanien bei einer Familie gelebt und dort bestimmt nicht nur gute

Zusammen ausgelassen sein, das genießen Eva und ihr Labradorrüde Casper.

Körperkontakt ist eine wichtige Komponente, um tiefes Vertrauen aufzubauen.

und schöne Erfahrungen mit Menschen sammeln dürfen. Bei uns geht es Kuba gut, er fühlt sich sichtbar wohl – eigentlich.

An einem gemütlichen Abend schüttete Kuba dann ein Glas auf dem Beistelltisch um. ›Oh Mann‹, sagte ich spontan eher zu mir selbst und wollte einen Lappen holen. Kuba spitzte die Ohren und fuhr zusammen. Sein ganzer Körper zeigte Beschwichtigungssignale an, er mied mich, obwohl ich ihn überhaupt nicht direkt angesprochen hatte.

In diesem Moment habe ich erkannt, dass Kuba eine Vergangenheit hat, die ihn stärker prägt, als ich es vermutet hatte. Sofort bot ich ihm durch meine Körpersprache Versöhnung an. Und ab diesem Tag versuchte ich gezielt, Kubas Vertrauen zu gewinnen – was zwar sehr herausfordernd war, aber vor allem lohnenswert.«

Alles Wissenswerte rund um das Thema Tierschutzhunde lesen Sie übrigens ab Seite 178.

Hunde lesen uns wie Bücher

Ist diese Erkenntnis nicht faszinierend? Wir finden dies sogar so ermutigend, dass wir es ihnen nachtun wollen. Denn auch wir Menschen sind sozial intelligente Wesen und können das nicht nur unserer eigenen Spezies gegenüber zeigen.

Auch wir können die Emotionen und Stimmungen unserer Hunde erkennen – nicht nur am Ausdrucksverhalten, sondern allein schon am Klang ihres Bellens. Je mehr Zeit wir mit unseren Lieblingen verbringen, desto besser gelingt es uns. Wir können ihre Töne, ihre Körperhaltung und ihre Mimik lesen. Am besten funktioniert die Deutung natürlich über die Beurteilung des gesamten Kontextes unter Einbeziehung der individuellen Lebenssituation des Hund-Mensch-Teams und des jeweiligen Umfelds: Der Gesamteindruck schafft also ein klares Bild.

AUSDRUCKSVERHALTEN VON HUNDEN

Das Ausdrucksverhalten von Hunden ist detailliert und wissenschaftlich erarbeitet. Es gibt ganze Nachschlagwerke, die tief in die Analyse des hündischen Verhaltens einsteigen. Wir möchten an dieser Stelle ein Basiswissen – also einen fundierten Überblick – vermitteln, damit Sie im Umgang mit Ihrem Vierbeiner souveräner, gelassener und dadurch handlungsfähiger werden.

Wichtig ist dabei stets zu wissen, dass sich die Realität in ihrem ganzen Farbenspiel nicht verallgemeinern lässt. Die Fotos und unsere Erläuterungen auf den nächsten Seiten sind also nur richtungsweisend. Wir und Sie wissen, dass jeder Hund in seinem Verhalten hochindividuell und jede Situation ein Unikat ist. Dennoch schildern wir im Folgenden die wichtigsten Verhaltensweisen unseres Vierbeiners, die jeder Hundebesitzer erkennen und richtig interpretieren sollte.

Leckt sich der Hund immer wieder über die Schnauze, kann das eine Beschwichtigungsgeste sein.

Schleckt der Hund an uns, zeigt er sich sozial positiv gestimmt.

Positive Kontaktaufnahme

Der Hund sucht unseren Blick, hat einen entspannten Körper, er kuschelt sich an uns, legt sich in unsere Nähe und knabbert an uns.

Unterwürfiges Verhalten/Demut

Der Hund leckt sich die Schnauze und nimmt eine niedrige Körperhaltung ein. Er versucht eine freundliche Kontaktaufnahme, vielleicht auch bei einem höheren und sicheren Sozialpartner. Demut zeigt der Hund passiv oder aktiv. Bei der aktiven Beschwichtigung kriecht er fast schon in uns hinein, bei der passiven Beschwichtigung sucht er Distanz. Auf welche Weise er sich ausdrückt, hängt stark von seinem Charakter ab.

Egal ob passiv oder aktiv: Viele Menschen lesen dieses Verhalten als Angst oder Unwohlsein. Es handelt sich dabei aber eher um respektvolle Gesten, die beschwichtigen wollen. Der Hund möchte ausdrücken, dass er nichts Böses im Sinn hat. Das Verhalten drückt Friedfertigkeit aus und dient der Konfliktvermeidung.

Ein sogenanntes Spielgesicht und übertriebene Gesten – so sehen spielende Hunde aus.

Jagdspiele mit einem Jäger und einem Gejagten sind okay, solange die Rollen auch mal wechseln.

Spielverhalten

Der Hund zeigt eine aufgeschlossene Mimik, die es im Bereich Spiel auf unterschiedliche Weise gibt. Er sieht aber immer für uns sichtbar fröhlich aus. Er hopst, versucht, an uns hochzuspringen, läuft im Kreis, geht mit dem Vorderkörper in die Tiefe und rempelt uns sogar an. Manchmal zeigt er auch unterschiedliche Verhaltensweisen, die ohne echten Bezug sind: Er deutet Jagen an, zeigt Kampf-, Hetz- oder gar ganz sinnlose Bewegungen an. Alles in allem wirkt er herrlich albern.

Imponierverhalten

Der Hund signalisiert mit seinem ganzen Körper Selbstsicherheit und Aufmerksamkeit. Seinen Kopf trägt er nach oben gerichtet, die Gliedmaßen sind durchgedrückt, die Rute ist oben. Sein Gang wirkt fast schon steif, manche Hunde schieben im Markierverhalten Erde mit den Pfoten nach hinten – dabei handelt es sich um das sogenannte Imponierscharren, das der Vierbeiner übrigens immer wieder einmal auch ohne Anwesenheit anderer Hunde macht.

Durchgedrückte Gliedmaßen, hoch getragene Rute und erhobener Kopf – so imponiert ein Hund.

Drohverhalten

Das Drohverhalten dient in den meisten Fällen dem Wunsch des Vierbeiners nach einer Distanzvergrößerung. Der Hund möchte also mehr Abstand zu seinem Kontrahenten aufbauen. Drohverhalten drücken Hunde auf zweierlei Art aus, nämlich offensiv und defensiv. Beim Drohen kommunizieren sie außerdem auch häufig akustisch, indem sie knurren und bellen.

Offensives Drohen

Wenn der Hund seinen Körper nach vorn ausrichtet, sich in aufrechter Körperhaltung positioniert, die Ohren aufstellt, so ist die Drohung offensiv. Der Hund schaut dabei mit weit geöffneten Augen und klarem Blick direkt und fixierend in die Richtung seines Gegenübers.

Defensives Drohen

Richtet der Hund hingegen seinen Körper eher nach hinten und abwehrend aus, legt die Ohren zurück und weicht im Blick auf, zeigt er eher eine defensive Drohgebärde. Dabei kommt es häufig auch zu sogenanntem Abwehrschnappen, wenn der Vierbeiner keine Möglichkeit zur Flucht aus dieser für ihn bedrohlichen Situation sieht. Das sind Bisse in die Luft, in Richtung des Gegners.

Angstverhalten

Ein ängstlicher Hund flüchtet in der Regel aus der angstauslösenden Situation. Er versteckt sich und hält Abstand, das sind für ihn bewährte Lösungsstrategien. Ein Vierbeiner, der sich bei Angst in die Enge getrieben fühlt und keine andere Möglichkeit erkennt, aus der Situation zu fliehen, wird häufig auch versuchen, sich mit seinen Zähnen einen Weg aus der Bedrohungslage zu verschaffen.

Bei ängstlichen Hunden sollten wir genau hinsehen und prüfen, was das Unwohlsein auslöst. Die Flucht aus der Situation ist eine starke selbstbelohnende und bestätigende Handlung.

Die Mimik offenbart den Gemütszustand. Aufrechter Körper, die Ohren aufgestellt, fester Blick – dieser Hund droht seinem Gegenüber offensiv.

Auch ein defensiv drohender Hund zeigt deutlich seine Verteidigungsbereitschaft. Das prägnanteste Merkmal sind die meist angelegten Ohren.

Der viel besprochene Hundeblick lässt Herzen schmelzen – und zeigt die Demut des Vierbeiners.

Sie gibt dem Hund in seiner Angst recht und prägt sich ein. Das ist aber nicht immer sinnvoll. Gerade bei Vierbeinern, die aufgrund mangelnder Umweltgewöhnung (auch Habituation genannt) viel Furcht erleben, sollte die Flucht nicht immer zugelassen werden.

Die Gründe für Angstverhalten beim Hund sind ebenso vielfältig wie die Trainingsmöglichkeiten. Da wir wissen, dass viele Menschen mit Vierbeinern zusammenleben, die mit Unsicherheiten und Ängsten zu kämpfen haben, gehen wir im Special ab Seite 60 genauer darauf ein.

DOMINANZ – ALTE SCHULE?

Wenn Menschen untereinander über dominante Hunde sprechen, meinen sie Vierbeiner, die ihre Besitzer hinter sich herziehen, die an der Leine zerren, aggressiv sind oder gar beißen – sich also nicht unterordnen. Dann schütteln sie den Kopf und sagen oft: »Was für ein Dominanzproblem!«

Dominanz – ein Begriff, der unter Hundehaltern verpönt ist und unter manchen Hundetrainern fast gemieden wird. Dominanz verbinden viele emotional mehr mit einem unangenehmen Bild als mit einer klaren Definition. Doch was steckt wirklich dahinter? Räumen wir ein wenig auf mit der Gefühlslage rund um die Dominanz.

Dominanz und Unterwürfigkeit

Dominanz ist per Definition keine Charaktereigenschaft, sondern eine Beziehungsbeschreibung. Ein Individuum verhält sich dominant einem anderen Individuum gegenüber. Das Gegenteil ist übrigens Unterwürfigkeit, noch so ein negativ klingendes Wort.

Bitte spiel mit mir! Welpen suchen oft proaktiv den Kontakt zu älteren, erfahrenen Hunden.

Der Welpe zeigt demütiges Verhalten dem Älteren gegenüber – das gehört zur Sozialisation dazu.

Für uns sind jedoch beide Begriffe – Dominanz und Unterwürfigkeit – in einer gesunden Hundegruppe und auch in einem Gefüge zwischen Hund und Mensch gute Beziehungseigenschaften. In einer Hundegruppe widerfährt den dominanten Tieren Anerkennung und Respekt, während es die unterwürfigen Vierbeiner genießen, keine Verantwortung zu tragen. Sie lassen sich gern führen – bedeutet es doch für sie ein sicheres Leben in größtmöglicher Freiheit. Tatsächlich gibt es Hunde, die sich mehr als dominanter Teil in einer Beziehung zu ihrer Gruppe eignen, und andere, die eher die Tendenz zur Unterwürfigkeit haben. Beide Charaktere tragen dazu bei, dass die Gruppe gut funktioniert.

Hunde mit Selbstbewusstsein, ausgeprägtem Lernvermögen und Lebenserfahrung sind gern dominant – wahrscheinlich, weil sie auch in einer Gruppe die Aufgabe zur Leitung innehätten. Aber auch oder gerade diese Tiere bestehen nicht auf dieser Rolle – weder unter ihresgleichen noch in unseren Familien.

Dominanz verstehen

Dominanz bei Hunden ist negativ besetzt, und deshalb wollen sie viele Menschen bei ihrem vierbeinigen Freund nicht sehen. Viele glauben, dass sie, wenn sie ihren Liebling ins Bett oder aufs Sofa lassen, ihm die dominante Rolle zubilligen. Der Hund könnte sich bei so viel erlaubter Bequemlichkeit für den König im Haus oder zumindest den Anführer halten. Zum Glück ist das Unfug. Entscheidend ist nicht, ob der Hund auf diese Plätze darf, sondern ob man ihn von diesen Plätzen verweisen kann.

Und noch ein weiterer Irrglaube, den wir gern aus der Welt schaffen möchten: Erst isst der Mensch, dann der Hund, nur so werde die Rangordnung eingehalten. Falsch! Der Mensch kann gern sein Brötchen essen, bevor der Hund an den Napf darf – nur einen Effekt, den gibt es nicht, denn eine Fressrangordnung existiert so nicht.

Vorbildfunktion: Gut sozialisierte und stabile Althunde sind großartige Lehrmeister für Welpen.

Dominanz ist dynamisch

Gibt es ein klar definiertes und eindeutig verstehbares System hinter der Dominanz und mehr oder weniger dominantem Verhalten? Eine Art Regelwerk? Leider können wir damit nicht dienen. Hunde sind so sozial komplexe Wesen, dass kein festes Regelwerk existiert. Jeder Hund, jede Beziehung, jede Gruppe ist anders. Alles ist im Fluss, und die Gründe für dominantes Verhalten sind somit nicht schematisch definierbar.

Aber wenn wir genau hinschauen, zeichnen sich Anführer tatsächlich durch ein paar charakteristische Eigenschaften aus. Und die sind für uns als verantwortliche Herrchen und Frauchen sehr spannend: Hunde, die in einem dominanten Verhältnis stehen, sind oft nicht die lautesten, sondern die lässigsten. Sie sind ruhig und drängen sich eben nicht immer nach vorn. Anderen Hunden gegenüber können sie sich sehr liebenswert und freundlich verhalten, aber auch klare Grenzen zeigen. Sie sind – ganz anders, als es die Vorurteile sagen – nicht aggressiv und nicht laut. Es ist mehr eine innere Haltung als eine große Gebärde.

Dabei handelt es sich um eine Art natürliche Autorität und das Innehaben gewisser Vorrechte, die auch gegen Widerstände Bestand haben, ebenso wie um besonnenes und souveränes Führen und das Abstecken von klaren Rahmenbedingungen. Die unterwürfigen Hunde spüren dies ganz genau und belohnen diese Coolness mit Bewunderung. Sie zeigen bei der Begrüßung Beschwichtigungssignale und schwärmen sichtbar für ihren Gegenpart.

GUT ZU WISSEN

Mut zur Dominanz! Müssen wir Hundehalter dominant sein? Ehrlich gesagt: Ja, das müssen wir. Manchen fällt das leicht, andere brauchen etwas Überwindung und Erfahrung. Aber jeder Mensch hat das Zeug dazu. Manchmal müssen wir unsere Dominanz »ausdiskutieren«, indem wir Grenzen setzen und beharrlich auf deren Einhaltung bestehen. Aber auch positive Erfahrung und gemeinsame Erlebnisse machen uns sicherer und dominanter.

Dominanz ist nicht gleich Gewalt

Auch in unserer Rolle als Halter hat Dominanz übrigens gar nichts mit Gewalt zu tun. Es geht um Durchsetzungskraft, Beständigkeit, liebevolle Führung. Wir sollten entscheidungsstark sein, Zögerlichkeit grundsätzlich vermeiden und die Angst vor Fehlern ablegen.

In unserer Praxis haben wir schon viele Mensch-Hund-Teams begleitet und können sagen: Je länger man gemeinsam übt, trainiert und zusammenlebt, desto einfacher fällt diese Rolle. Wir finden es ganz wunderbar, dass Hunde als Spiegel funktionieren. Wer sich traut, dominant zu sein, der erhält ein Feedback von seinem Vierbeiner. Und das heißt nahezu immer: Wow – bitte schön mehr davon!

SPECIAL

ANGST UND UNSICHERHEIT

Wir kennen sie, Hunde kennen sie – wahrscheinlich hat jedes Lebewesen auf dieser Welt schon Erfahrungen mit dieser großen Emotion gesammelt: Angst. Sie fühlt sich wahrlich nicht gut an, aber Angst ist lebenserhaltend und wichtig. Deshalb möchten wir erst einmal ganz objektiv auf dieses oft negativ konnotierte Gefühl schauen.

Unsere Zivilisation ist für unsere Vierbeiner meist ziemlich sicher. Aber der Mechanismus, aus scheinbar gefährlichen Situationen zu lernen, prägt das Raubtier Hund noch immer in seinem Überlebensinstinkt und dadurch auch in seinem Verhalten. Einfach gesprochen: Erfahrungen wiegen für unsere Vierbeiner schwer. Gefährlich oder ungefährlich? Über ihre Sozialisation und Habituation (siehe Seite 65) lernen sie, diverse Alltagssituationen einzuschätzen.

Bekommt ein Hund also ein einziges Mal einen Schlag an einem Elektrozaun, kann sich dieses Erlebnis so stark einprägen, dass er danach grundsätzlich Zäune meidet.

Sind Angst und Furcht also hoffnungslose Gegner? Überhaupt nicht. Denn auch positive Erfahrungen, vor allem mit einer zweifellos akzeptierten Person, können negative Erlebnisse wieder wettmachen. Die Furcht zu besiegen, ist also mit einem klugen und sensiblen Training sehr gut möglich.

WEGLAUFEN, ERSTARREN, KÄMPFEN

Um Hunden gegen das Gefühl der Angst und der Furcht zu helfen, müssen wir diese Gefühle zunächst klar erkennen. Empfindet der Hund extreme Angst, ist sie körperlich deutlich sichtbar. Er kann Urin und Kot absondern, sich übergeben, die Atmung ist beschleunigt, die Augen sind aufgerissen. An Fressen ist für ihn in diesem Moment nicht zu denken. Er möchte unbedingt und mit allen Mitteln aus der Situation heraus und versucht zu flüchten – Hauptsache weg. Ist ihm eine Flucht nicht möglich, erstarrt der Hund. Oder er könnte sich auch für den Kampf entscheiden. Wir müssen uns vor Augen halten: Der Hund fühlt sich in diesem Moment tatsächlich in seiner Existenz bedroht. Zum Glück ist allerdings echte Angst ein extremer Zustand, den nicht viele Hunde häufig spüren.

Ein anderes Gefühl, das Hunde oft im Alltag begleitet, ist Unsicherheit. An dieser Stelle begegnen uns in unserem Berufsalltag oft Fehlinterpretationen. Kunden kommen zu uns, weil sie meinen, in ihrem Vierbeiner einen Angsthund erkannt zu haben. Aber zum Glück durchleben diese Hunde eher Unsicherheiten anstatt echte Angst. Ihr Liebling steht vorn an der Leine und bellt andere Hunde an? Dann handelt es sich mit großer Wahrscheinlichkeit nicht um Angst – dementsprechend ist mit dieser Situation auch anders umzugehen. Vielleicht ist der bellende Hund unsicher, vielleicht schlichtweg ein wenig streitlustig. Sind Unsicherheit oder Konfliktfreude Grund für das Verhalten, benötigt der Hund eine ganz andere Trainingsstrategie.

WOHER RÜHRT DIE ANGST?

Zurück zur Angst. Stellen Sie bei Ihrem vierbeinigen Liebling echtes Angstverhalten fest, geht es zunächst auf Ursachensuche. Und die ist oft gar nicht so leicht. Denn tatsächlich kann sich Angst sogar vererben. Haben die Elternhunde in ihrem Leben tiefgreifende Angst empfunden, kann sich das auf die Welpen übertragen. Dann erlebt der Hund eine epigenetische Angst.

Oft, das wissen vor allem Besitzer von Tierschutzhunden, rührt die Angst aus fehlender Sozialisation und Habituation. Es fehlt dem Hund an Lernmomenten, und der Umgang mit alltäglichen Situationen, wie Straßenverkehr oder Menschenmengen, wurde falsch oder nie gelernt.

Unsichere Hunde brauchen eine klare Anleitung und Führung, um sich in der Welt zurechtzufinden.

Eine einzige schlechte Erfahrung kann prägen und eine Straße zum Hindernis werden lassen.

Angst lässt sich besiegen – dann kann selbst ein angsteinflößendes großes Tier zu einem Gefährten werden.

Aber auch behütete, gesund und liebevoll aufgewachsene Hunde können eine generalisierte Angst in sich tragen. Das Beispiel vom Elektrozaun ist ein echter Klassiker, der in vielen verschiedenen Nuancen und Facetten auftritt. Ebenfalls gut möglich ist, dass der betroffene Hund die Angst nicht mit dem Zaun, sondern mit den Weidetieren, die dahinterstehen, verbindet. Solche falschen Verknüpfungen können sich sogar noch ausweiten. Hat der Hund den Elektrozaun mit den Pferden auf der Koppel in Verbindung gesetzt, kann seine Angst sich auf Kühe, Esel und jedes andere größere Tier erweitern.

RAUS AUS DER ANGST

Es ergibt also durchaus Sinn, sich der Angst zu stellen. Nicht nur, weil sie ansonsten unter Umständen sogar größer werden kann, sondern weil sie den Alltag unnötig erschwert – und zwar sowohl für den Hund als auch für den Menschen.

Zunächst muss sie aufgehalten werden, im wahrsten Sinne des Wortes. Denn hat der Hund mit seiner natürlichen Reaktion – Flucht oder gar Kampf – Erfolg, bestätigt er sich selbst in seiner Angst und seinem Umgang damit. Die Folge: Er wird immer wieder diese erfolgreichen Ansätze zur Bewältigung der angsteinflößenden Situation zeigen. Heraus aus der Angst führen Gewöhnung und Training. Und egal, welchen Weg man auf welche Weise auch einschlägt: Ganz viel Verständnis und Gefühl gehören unbedingt dazu.

POSITIVE VERSTÄRKUNG

Bleiben wir bei dem Beispiel, der Hund hat Angst vor Pferden. Diese Angst können wir mit positiver Verstärkung mildern. Gehen wir also an einer

Koppel vorbei und der Hund zeigt eine Angstreaktion, halten wir an und bleiben im Moment. Schaut der Vierbeiner trotz seiner Angst zu den Pferden, belohnen wir ihn durch Lob und Leckerchen. Der Hund merkt nach einer Weile: So schlecht fühlt sich die gefürchtete Situation gar nicht mehr an.

DESENSIBILISIEREN

In kleinen und vorsichtigen Schritten begegnen wir mit unserem vierbeinigen Freund dem angstauslösenden Objekt. Behutsam führen wir ihn an die Pferde heran, bis er leichte Reaktionen zeigt. Dann geht es wieder auf Abstand, und beim nächsten Mal nähern wir uns dann schon ein Stück weiter. Diese Methode ist zwar wunderbar sanft, doch der Erfolg wird dafür leider umso schneller wieder zunichtegemacht. Denn wenn Sie sich mit Ihrem Hund auf einem guten Weg befinden und dann plötzlich ein Pferd auf dem Spaziergang um die Ecke kommt, kann die Angst so stark wie zuvor zurückkehren.

KONFRONTATION

Diese Methode wird im Hundetraining auch Flooding genannt. Bei Menschen spricht man von Schocktherapie. Der Hund wird so lange mit dem angstauslösenden Reiz konfrontiert, bis sich die Angst auflöst und eine Gewöhnung stattgefunden hat. Diese Methode kann funktionieren – oder aber auch nach hinten losgehen und die Angst ins Unermessliche treiben. Deshalb empfehlen wir, sie nur mit einem erfahrenen Trainer gemeinsam durchzuführen.

ALTERNATIVEN SUCHEN

Eine weitere Möglichkeit ist es, erst einmal einen guten Umgang mit der Angst zu finden. Statt wegzurennen oder gar zu kämpfen, können Sie Ihrem Hund beibringen, zum Beispiel »Sitz« zu machen und so – quasi durch »Aussitzen« – gut durch die Situation zu kommen. Wir finden diese Lösung als Strategie und Hilfsmaßnahme gut, bis ein echtes Auseinandersetzen mit dem angstauslösenden Reiz möglich ist.

DIE ANGST BESIEGEN

Es gibt sie, die sogenannten Angsthunde. Zunächst müssen wir aber feststellen, ob der Vierbeiner tatsächlich Angst oder eine andere Emotion empfindet. Auch die Ursache zu kennen, macht die Auswahl der Bewältigungsstrategie einfacher. Egal, welchen Weg Sie wählen, Angst wird mit Mut besiegt – mit Ihrem Mut, Ihrem vierbeinigen Liebling zu helfen. Und das gelingt achtsam und mit einem guten Blick auf Ihren Hund ganz bestimmt.

Auf Abstand starten und nur nichts überstürzen. Gutes Zureden und Üben in kleinen Schritten trägt dazu bei, die Angst allmählich zu lösen.

WIE DER HUND LERNT

Sie wollen nicht nur eine gute Beziehung, sondern auch konkrete Erfolge Ihrer Erziehungsarbeit? Wer versteht, wie Hunde lernen, arbeitet mit seinem Vierbeiner konfliktärmer und effektiver. Über Habituation, Sozialisation und die großartige Wirkung von Streicheleinheiten und Leckerchen.

Wer Hunde großzieht und erzieht, sollte unbedingt einen Blick darauf werfen, wie die Tiere lernen. Denn wer versteht, wie sie kognitiv funktionieren, kann seinen vierbeinigen Liebling bestmöglich prägen und erziehen. Schauen wir uns daher einmal das Lernverhalten unserer Hunde an. Dieses Kapitel ist nicht nur eine wertvolle Unterstützung im Training, sondern ein echter Erkenntnisbringer für das Leben mit unserem besten Freund.

HABITUATION

Die Welt ist schon für uns voller Reize. Für einen Hund, der über viel intensivere Sinne verfügt, ist sie das umso mehr. Der Vierbeiner riecht Fährten, sieht kleinste Bewegungen – und sieht sich vor allem auch unangenehmen Wahrnehmungen stark und hilflos ausgesetzt. Ja, die Welt ist laut und manchmal ziemlich störend, aber zum Glück können wir unserem Liebling helfen, mit diesen wiederkehrenden Reizen umzugehen. Dieser Gewöhnungsprozess heißt Habituation. Das bedeutet, dass die Reaktion auf einen Reiz durch seine Wiederholung abnimmt und der Vierbeiner ihn akzeptiert und nicht als bedrohlich abspeichert.

Die ideale Voraussetzung für eine gelungene Habituation ist, die Aufmerksamkeit des Tieres zu haben. Es sollte den Reiz wahrnehmen, sich abgrenzen können und sich emotional sicher fühlen. Eine Habituation kann übrigens auch wieder abnehmen. Wenn der Reiz nur sehr selten auftritt, kann der Hund ihn wieder als außergewöhnlich erleben und schreckhaft reagieren. Gute Beispiele dafür sind die Angst vor Gewittern oder der Silvesterböllerei – der Vierbeiner fürchtet sich sichtbar, obwohl er die Geräusche bereits im Welpenalter kennengelernt hat.

Seine Welt und ihre Reize wahrnehmen und einschätzen zu können, ist einer der wichtigsten Lernprozesse im Leben eines Hundes. Ein gelungen habituierter Vierbeiner hat so Kategorien gebildet und weiß, welche Geräusche und Situationen zum Leben dazugehören und welche ihn zu Recht in eine Vorsichtstellung bringen.

SOZIALISATION

Während es bei der Habituation um die Umwelt geht, befasst sich der Begriff der Sozialisation mit dem Erlernen von Verhalten in unserer Gesellschaft. Und ja, nicht nur wir Menschen, sondern auch unsere Hunde sind sozialisiert und registrieren genau, welche Handlungen sozial gewünscht sind (eine herzliche Begrüßung) oder verachtet werden und gefährlich sind (eine gewaltvolle Auseinandersetzung).

Als unser Haustier gehört der Vierbeiner mitten hinein in dieses soziale Leben. Wir finden, dass Hunde behutsam und beständig an genau dieses Leben gewöhnt werden sollten. Nur dann können sie partizipieren und entspannt bleiben.

Wenn unser vierbeiniger Liebling noch keine Gewöhnung kennt und sich fürchtet, sollten wir gelassen damit umgehen, ihm Sicherheit vermitteln und ihn sensibel an die Situation heranführen. So werden Auto- oder Busfahrten, Begegnungen mit unbekannten Menschen, größere Gruppen, Rollstühle und Gehhilfen in Zukunft kein Problem mehr sein.

DIE BASICS DES LERNVERHALTENS

Wir kategorisieren ganz klar zwischen gewünschtem und unerwünschtem Verhalten. Bringt ein Verhalten unserem Vierbeiner Erfolg, wird er es häufiger zeigen. Bringt es ihm hingegen keinen Erfolg, nimmt es ab. Deshalb sollten wir uns im Training immer Ziele überlegen. Möchten wir, dass ein Verhalten häufiger gezeigt wird, belohnen wir unseren Freund. Möchten wir, dass es weniger häufig gezeigt wird, sorgen wir dafür, dass der Hund keinen Erfolg mehr damit hat, oder machen es ihm unangenehm durch eine Korrektur.

Leider entstehen genau an dieser Stelle häufig Missverständnisse. Denn während ein Hund immer sofort reagiert, neigen wir Menschen zu Verzögerungen im Verhalten. Reagieren wir konsequent, aber zu spät, können wir keine Verbesserung erwarten – der Hund setzt sein Verhalten mit der Belohnung oder Korrektur schlichtweg nicht in Verbindung. Deshalb gilt stets: Auf das Timing kommt es an! Ein lernwilliger Hund erwartet Rückmeldung – und zwar sofort und keinen Moment zu spät.

Belohnung hat unterschiedliche Formen. Leckerchen sind für viele Hunde das begehrteste Lob.

BELOHNUNGEN

Hunde belohnen zu können ist herrlich, und es gibt dafür verschiedene Wege, die je nach Charakter des Hundes unterschiedlich ankommen. So gibt es etwa das soziale Lob: Wir wenden uns unserem Liebling zu, sprechen ihm gut zu, streicheln ihn, spielen oder rennen gemeinsam.

Nicht in die Kategorie soziales Lob fallen übrigens Futter als Belohnung oder die Gabe eines interessanten Spielzeugs, während Belohnung auf Distanz, wie Freilauf oder freies Spiel, Bewegung oder Schnüffeln, durchaus eine Belohnung für den Hund darstellen können.

Egal, ob sie zum Futtern, Spielen oder Genießen sind: Wir dürfen reichlich Belohnungen im Training und Alltag einsetzen, aber wir sollten uns deren Wirkung bewusst machen, weil unterschiedliches Lob einen unterschiedlichen Einfluss auf das Training hat. Auch innerhalb einer Belohnungsart können wir variieren, denn ähnlich wie wir haben auch Hunde Präferenzen, gerade was das Futter betrifft. So kann es durchaus

Doch auch soziales Lob durch gemeinsame Spiele ist eine wirkungsvolle Belohnung.

Manche Hunde werden noch stärker mit einer Belohnung durch Spielzeug motiviert.

lohnend und motivierend sein, sich das allerliebste Leckerchen für die schwierigsten Übungen aufzubewahren.

Sehr erfolgreich wirkt oft eine Kombination unterschiedlicher Belohnungsarten. Ein spielerisch geworfenes Stück Futter oder ein Leckerbissen in Kombination mit einem überschwänglichen stimmlichen Lob ist für viele Hunde der absolute Hit. Geht es in einer Übung eher um Ruhe, sollte auch das Lob diesen Zustand wahren. Ist eine Situation aufgelöst, kann danach ausgelassen herumgetollt werden.

Zunächst genau hinschauen

Die Auseinandersetzung mit Belohnungen ist eine Einladung, über das Wesen seines vierbeinigen Freundes nachzudenken. Was gefällt ihm besonders, welche Wirkung erzielt welche Belohnung? Gerade wer mit Spiel belohnt, sollte genau hinschauen, ob der Hund die Situation gerade genießt und sie als Spiel empfindet oder ob er sich nur aus Überforderung mitbewegt oder vielleicht sogar Beschwichtigungssignale sendet.

Das Gleiche gilt für die Belohnung über sozialen Kontakt. Manche Hunde sind dem Menschen generell zugewandt und aufgeschlossen und freuen sich über Berührungen und stimmliches Lob jeder Art. Andere empfinden gerade unerwartete Streicheleinheiten eher als unangenehm und versuchen, sich der Situation zu entziehen. Gerade das weitverbreitete Tätscheln des Kopfes ist für viele Hunde mehr Fluch als Segen.

Wir empfehlen, den Hund freundlich und fröhlich anzusprechen, in die Hocke zu gehen und ihn durch unsere Körpersprache einzuladen, auf uns zuzukommen. Entweder der Vierbeiner nimmt diese Einladung freudig an oder er schlägt sie aus – auch das ist völlig okay.

Hey, das gefällt dir ja!

Wer einmal den Dreh heraushat, kann seinen vierbeinigen Freund zum Glück leicht lesen. Wenn ein Hund eine Belohnung als schön empfindet, möchte er mehr davon, zeigt das vorherige Verhalten häufiger und ist motiviert, weiter zu trainieren. Bei Korrekturen passiert natürlich das

Ein ausgelassenes Spiel macht nicht nur Spaß, sondern kann auch sehr gut als Belohnung funktionieren.

Gegenteil. Der Hund ist motiviert, das vorhergegangene Verhalten zu vermeiden.

Ja, Belohnen kann durchaus auch mal schiefgehen. Aber wer sorgfältig beobachtet und sein Tier gut lesen kann, wird zuverlässig die richtige Belohnung auswählen. Auch wenn es Missverständnisse geben kann, möchten wir Sie dazu ermutigen, die Auseinandersetzung mit Belohnungen als interessant und weitreichend zu empfinden. Wir finden die Beobachtungen jedes Mal spannend und eine gute Möglichkeit, noch einmal mehr Verständnis für den Hund und auch Zuneigung zu ihm zu entwickeln.

Denk doch mal mit!

Zu unserer Philosophie gehört es, den Hund nicht nur zu dressieren und Bewegungsmuster zu vermitteln, sondern auch sein Köpfchen herauszufordern. Denn wenn der Vierbeiner mitdenkt, macht es zum einen mehr Spaß, und zum anderen prägt sich das gewünschte Verhalten viel stärker ein. Der Hund hat dann tatsächlich verstanden – und befolgt nicht nur blind den vorgegebenen Ablauf.

Wenn wir ein bestimmtes Verhalten herausarbeiten wollen, zeigen wir ihm zunächst, was wir uns vorstellen, indem wir ihn zum Beispiel in die gewünschte Position locken oder das gewünschte Verhalten erzeugen. Passiert genau das, bestätigen wir den Moment durch Belohnung. Nach wenigen Wiederholungen bauen wir bereits unsere Hilfestellung ab – der Hund soll nun selbst mitdenken und herausfinden, welches Verhalten gerade gefragt ist. Fester Bestandteil dieses Experiments ist der Irrtum, der überhaupt nicht schadet. Denn über das Ausprobieren gelangt der Vierbeiner zum Erfolg und wird belohnt. Je mehr Denkleistung ein Hund im Training erbringt, desto schneller festigt sich das Verhalten. Und der tolle Nebeneffekt dabei ist, dass der Hund sich diese Denkleistung zu eigen macht und uns auch im Alltag von sich aus mögliches erwünschtes Verhalten anbietet.

DAS SPIELAUTOMATENPRINZIP

Spielautomaten machen süchtig – und führen nur selten zum echten Gewinn. Die Faszination hinter diesem Prinzip nutzen wir für unser Training, denn auch für Hunde ist allein die Möglichkeit, eine Belohnung zu erhalten, so vielversprechend, dass wir sie aktivieren können.

Beim Spielautomatenprinzip wird eine Belohnung (meist Futter) in einem für den Hund nicht durchschaubaren Prinzip abgegeben. Ziel ist es, die Spannung, Variation und Motivation des Vierbeiners hochzuhalten. Die Belohnung kommt dabei unerwartet und in unberechenbaren Momenten. Abstände, Intervalle, Menge – alles variiert. Und bedeutet im Umkehrschluss, dass jedes Befolgen eines Kommandos einen Hauptgewinn möglich macht.

Im Training gilt es allerdings, darauf zu achten, dass es keine zu langen Durststrecken gibt, auf denen der Erfolg in Form einer Belohnung ausbleibt. Denn dann sind wir schnell im Feld der Frustration und Enttäuschung gelandet. Wir sind großzügiger als die echten Spielautomaten für uns Menschen und wollen nicht nur Nieten, sondern wirklich Gewinne verteilen. Deshalb ist eine Jackpot-Belohnung, also zum Beispiel eine Kombination aus jeder Menge Lieblingsfutter und verbalem Lob, durchaus realistisch. Denn gerade wenn sich der Hund diesen Hauptgewinn wirklich verdient, kann er zu einem zusätzlichen Motivationsschub führen. Auch am Ende des Trainings ist das sinnvoll. Die Belohnung bildet dann den krönenden Abschluss, der sich sicherlich tief ins Hundegedächtnis einbrennt.

Das hast du gut gemacht! Hunde lieben Anerkennung und wissen soziales Lob zu schätzen.

GENERALISIERUNG

Das, was zu Hause klappt, kann in einer anderen Wohnung schon nicht mehr funktionieren. Viele Hundebesitzer fallen dann aus allen Wolken. Dabei ist dieses Aussetzen überhaupt nicht überraschend: Hunde lernen sehr stark orts- und kontextbezogen, und daher fällt es ihnen schwer, ein Verhalten, das in einer bestimmten Situation gelernt wurde, auf neue Situationen zu übertragen.

Wer das weiß und mitdenkt, hat eigentlich kein Problem. Dann gehört die Generalisierung zu jedem Aufbau eines Kommandos dazu. Denn es ist doch so: Das meiste an erlerntem Verhalten möchten wir überall und immer abrufen können, eben ohne von der jeweiligen Situation und Umgebung abhängig zu sein.

Damit das Verhalten verallgemeinert und damit alltagstauglich wird, muss es, sobald es trainiert wurde, in unterschiedlichen Situationen geübt werden. Der Hund lernt so, dass das Signal unabhängig von der Außensituation immer die gleiche Bedeutung hat. Dabei muss unser Anspruch an die Ausführung zunächst in jeder neuen Situation wieder heruntergeschraubt werden. Wenn wir Verständnis dafür aufbringen, kleinschrittig üben und an neuen Orten noch einmal von vorn beginnen, zeigen sich schnell Erfolge.

Auch hier sollten wir den Charakter unseres Lieblings im Blick behalten: Tiere, die schlecht sozialisiert sind, nicht gut an Umweltreize gewöhnt wurden oder schlicht unsicher sind, generalisieren langsamer als sichere, gut sozialisierte und gut habituierte Hunde. Haben wir also Verständnis und üben gemeinsam. Dann ist es möglich, dass jeder Vierbeiner Verhaltensweisen gut abrufbar abspeichert und zuverlässig reagiert.

Das gemeinsame Spiel mit einem Hundekumpel zu unterbrechen, fällt vielen Vierbeinern schwer.

»MACH SITZ! SITZ! SIIIIITZ!!!« – VERHALTEN LÖSCHEN

Die Sache mit den schlechten Gewohnheiten ist auch für Hunde ein riesiges Thema. Tatsächlich schleichen sich diese gern mal während des Trainings ein. Wird ein bereits häufig trainiertes Signal in Situationen gegeben, in denen der Hund nicht reagieren kann, schwächt das die Signalkonditionierung. Das Signal verschleißt und verliert zunehmend an Bedeutung – bis der Hund das gewünschte Verhalten gar nicht mehr zeigt.

Dieses Phänomen kann in vereinzelten Situationen oder generell auftreten. Es ist ein echtes Problem und ein Moment, der viele Hundehalter verzweifeln lässt. Um gar nicht erst in die Falle zu tappen, muss der Hundebesitzer Trainingsstand, Stresslevel und Ablenkungsgrad seines Lieblings stets gut einschätzen können. Allein wenn Sie zweifeln, ob Ihr Hund auf ein Signal richtig reagieren kann, sollten Sie einen passenderen Moment abwarten oder den Anspruch an die Übung radikal senken – oder am besten auf die Trainingseinheit von vornherein verzichten.

Ein Blick auf die Hundewiese

Jede Menge Beispiele, um zu beobachten, wie sich eine bestimmte Verhaltensweise wieder löscht, bietet der Blick auf eine Hundewiese. Mehrere Vierbeiner toben miteinander und sind in ihr Spiel vertieft. Sie rufen Ihren Hund zu sich – doch er hört nicht. Weil es so einfach funktioniert, wird in dieser Situation das gesamte Kommando samt erwünschter Verhaltensweise gelöscht.

Das passiert wahrscheinlich nicht, wenn Sie Ihr Kommando vorher kleinschrittig und gut generalisiert haben. Sollten Sie Sorge haben, dass der Hund Ihrem Rückruf nicht folgt, verzichten Sie lieber darauf, anstatt den Rückruf zu verschleißen oder womöglich sogar ganz zu löschen.

Das Löschen von Verhalten klappt aber auch wunderbar bei negativen Gewohnheiten, was für uns dann wiederum einen positiven Effekt hat. Das heißt: Sie können unerwünschtes Verhalten löschen, indem Sie über eine lange Zeit hinweg verhindern, dass es zum Erfolg führt. Wenn Ihr Hund beispielsweise die schlechte Angewohnheit hat, auf dem Spaziergang Kot zu fressen, können Sie dieses Verhalten über das Anlegen eines Maulkorbs oder Fressschutzes löschen.

Die Managementmaßnahme »Maulkorb tragen« muss dann allerdings behutsam zurückgebaut werden, sodass der Hund die Erkenntnis »ich kann nicht fressen« nicht mit dem Maulkorb in Verbindung bringt. Ansonsten kann es zu einer sogenannten Spontanerholung kommen.

Spontanerholung ist kein Kurzurlaub!

Die Bezeichnung »Spontanerholung« klingt zunächst sehr positiv – aus Trainersicht ist sie jedoch eher als Rückschritt zu betrachten. Wenn etwa ein störendes Verhalten mit Löschung behandelt wurde, genügt nicht selten ein kleiner Schlüsselreiz oder Trigger und sorgt dafür, dass das störende Verhalten erneut gezeigt wird. Dabei können sowohl intrinsische Motivation (Hund: »Ich probier es einfach noch mal!«) als auch extrinsische Motivation (unbewusst einladende Haltung des Menschen) ein Auslöser sein.

Wir dürfen und sollten eine Spontanerholung nicht als eine Art »Kurzurlaub« betrachten, sondern sie als ernst zu nehmende Hilfestellung in unserer Trainingsarbeit verstehen. Der Vierbeiner zeigt uns die Schwächen unseres Trainings auf, die ihm Schlupflöcher geboten haben. Als Hundetrainer und Halter nehmen wir dies als Aufforderung, noch intensiver auf unsere eigenen Verhaltensweisen zu schauen und uns selbst zu korrigieren.

IST DER HUND BEREIT FÜR DAS TRAINING?

Um ein effektives Lernen und Trainieren zu fördern, ist es unerlässlich, die geeignete Lernumgebung auszuwählen oder zu schaffen. Allerdings betonen wir gern an dieser Stelle: Die perfekte Lernumgebung gibt es nicht! Denn jedes Individuum, egal ob Hund oder Mensch, bringt andere Voraussetzungen und Bedürfnisse mit, und diese sollten berücksichtigt werden.

Es ist hilfreich, wenn der Hundehalter einschätzen kann, inwiefern Lernen in welchem Zustand und in welcher Situation für den eigenen Hund möglich ist. Bedacht werden sollten dabei Faktoren, die förderlichen aber ebenso störenden Einfluss auf die Lernbereitschaft haben können.

- Ist der Hund gestresst oder abgelenkt? Genauso gilt aber auch: Sind Sie selbst vielleicht gestresst und gar nicht richtig bei der Sache?
- Spielt das Wetter mit? Ist es für den Hund und für Sie selbst angenehm? Oder ist es zu heiß oder sehr windig oder regnet es in Strömen?
- Wie sieht es mit den Umgebungsreizen aus? Sind sie Ihrem Vierbeiner bekannt oder unbekannt? Verknüpft er damit eine Erwartungshaltung, die vielleicht stark ablenkt?
- Spielen die Hormone mit? Ist die Hündin läufig oder der Rüde durch läufige Hündinnen permanent mit der Nase auf dem Boden?
- Ist die Umgebung ruhig und eher »neutral«? Oder machen optische, akustische, geruchliche oder andere Eindrücke der erforderlichen Aufmerksamkeit einen Strich durch die Rechnung?

Es lohnt sich, diese kleine Checkliste gewissenhaft durchzuarbeiten und die Lernumgebung so auszuwählen, dass sowohl der Hund als auch der Mensch entspannt ans Werk gehen können.

SPECIAL

DIE PUBERTÄT DES HUNDES

Ach, die Pubertät! Es ist wohl die Zeit im Leben eines Hundes – und seiner Menschen –, die mit am herausforderndsten ist und vor allem bei jedem Vierbeiner ganz unterschiedlich verläuft. In ihren Auswirkungen ist sie vergleichbar mit dem, was wir Menschen erleben. Manche macht sie wild, risikofreudig, aggressiv, einige werden ängstlich und zurückgezogen, und wieder andere erleben beides. Die Pubertät kann mit voller Wucht kommen oder kaum merklich verlaufen. Wir empfehlen Ihnen als Hundehalter, sich mental auf einiges einzurichten – und schon vorher die Weichen gut zu stellen.

Die Pubertät beim Hund beginnt zwischen dem sechsten und zwölften Lebensmonat. Bei kleinen Rassen startet sie eher früher, bei großen später. Und auch wie die pubertierenden Menschen-Jungs sind die Rüden oft etwas später dran als die Hündinnen. Die körperliche Verfassung und der Stresslevel haben ebenfalls Einfluss auf ihren Verlauf und Beginn. Auch aus diesem Grund ist es schön, wenn Hund und Herrchen oder Frauchen bereits im gemeinsamen Leben gut angekommen sind.

Insgesamt dauert die Pubertät etwa ein bis eineinhalb Jahre – das ist zwar kürzer als beim Menschen, aber lang genug, um das Beste daraus zu machen und sich rechtzeitig zu überlegen, wie auch diese turbulente Lebensphase gut überstanden werden kann.

DAS STECKT DAHINTER

Nötig ist die Pubertät natürlich aus biologischen Gründen: ohne Geschlechtsreife keine Fortpflanzung. Aber diese oft schwierige Zeit hat noch viel mehr Sinn und Zweck. Denn in dieser Lebensphase baut sich das Gehirn des Hundes um. Er wird im wahrsten Sinne auch emotional und geistig erwachsen, sucht Struktur und seinen Platz im Leben.

Diese Umbauarbeiten im Gehirn haben auf das Verhalten des Vierbeiners weitreichende Konsequenzen. Mit Beginn der Pubertät fällt die Leistungskompetenz rapide ab. Der vor Kurzem noch so liebe Welpe scheint völlig außer Rand und Band zu sein und alles Gelernte vergessen zu haben. Und auch sein Charakter steht Kopf. Angst und Aggression können übernehmen, Hemmungslosigkeit und Ungehorsam uns an unsere Grenzen treiben.

SO GEHT ES LOS

Beim Rüden beginnt es häufig mit klaren Zeichen. Hebt er auf einmal das Bein, versucht plötzlich, anderen zu imponieren, schnüffelt verstärkt oder leckt gar Urin auf, weist das auf den Beginn der Pubertät hin. Bei Hündinnen setzt die erste Läufigkeit ein, sie zeigen Interesse an Rüden. Weibchen und Männchen können nun aktiver und ungehorsamer, aber auch ängstlicher und anhänglicher werden.

Und wer ist schuld? Verantwortlich sind Hormone, und die verursachen das Chaos aus gutem Grund. Sie aktivieren die Geschlechtsorgane, setzen den Umbau im Körper in Gang und dementsprechend auch die diffusen Gefühle im Gehirn.

Generell kann man trotz unterschiedlicher Auswirkungen und Färbungen sagen, dass die Hunde schlichtweg weniger gehemmt sind und Entscheidungen riskanter und emotionaler fällen. Das hat wiederum große Auswirkungen auf unseren eigenen Alltag. Denn Situationen, die vorher unauffällig und völlig entspannt abgelaufen sind, bergen nun echte Explosionsgefahr. Folgte der Welpe zuvor noch ganz treu, auch wenn ein anderer Hund an ihm vorüberzog, kann der pubertierende Vierbeiner plötzlich ungebremst in die Leine springen, um unmittelbar und sofort zu dem Artgenossen zu gelangen. Alles steht Kopf – und auch unser Stresslevel als Hundebesitzer neigt zum Kippen.

Das Heben des Beins ist ein klares Zeichen für den Beginn der Pubertät.

Achterbahn der Gefühle: Auch für Hunde ist die Pubertät eine emotional herausfordernde Zeit.

Sehr wichtig für pubertierende Hunde ist der Sozialkontakt zu souveränen, erwachsenen Artgenossen.

WIE KOMMEN WIR DA DURCH?

Manche Herausforderungen im Leben werden kleiner, wenn wir sie vom Ende her denken. Und so sei an dieser Stelle betont: Wir haben unzählige Hunde durch die Pubertät begleitet – und bei jedem geht sie vorüber. Am Ende ist aus dieser Lebensphase ein Tier gewachsen, das gestärkt und souverän geworden ist und das wir dann umso mehr ins Herz schließen werden.

GELASSENHEIT IST ANGESAGT

Für mehr Gelassenheit sorgt schlichtweg Wissen. Denn wer Bescheid weiß, was gerade im Körper seines Vierbeiners passiert, der hat auch Verständnis für sein Verhalten. Tatsächlich ist es hilfreich, sich die Prozesse immer wieder vor Augen zu führen, um sich bewusst zu machen: Der Hund verfolgt keine böse Absicht, ist nicht ein völlig anderer, als wir glaubten. Er durchlebt eine Umbauzeit und braucht uns in dieser besonderen Phase als sicheren Partner an seiner Seite.

Vielen Hundebesitzern fällt genau diese Gelassenheit äußerst schwer. Sie haben Geld in eine Hundeschule investiert, Zeit und Liebe in die Beziehung und die ersten Kommandos gesteckt – doch plötzlich scheint alles vergessen zu sein. Wir können Sie beruhigen. Nichts ist weg, solange Sie sanft und sensibel am Ball bleiben.

HUNDEKONTAKTE SIND WICHTIG

Das Leben soll weitergehen. Und auch Hundekontakte sind nach wie vor für die Entwicklung von Sozialverhalten wichtig. Allerdings ist es sinnvoll, sie mit Bedacht auszuwählen. Sozial stabile Hunde können durchaus die Erziehungsarbeit unterstützen und dem Jungspund durch eine deutliche Ansage eine Grenze setzen. Auch auf Training soll und darf nun nicht verzichtet werden. Wir legen dabei den Fokus mehr auf Spaß als auf eiserne Disziplin. Es ist okay, ein Kommando noch einmal neu aufzubauen und ein paar Schritte zurückzugehen. Falscher Ehrgeiz führt zu unnötigen Konflikten. Wer sich auskennt, legt nun die Messlatte tiefer an – dann kehren auch die Erfolgserlebnisse zurück. Gerade jetzt sorgen gemeinsame Erlebnisse und schöne Momente in der Freizeit dafür, dass das Band zwischen Hund und Mensch nicht abreißt.

WIRKSAME FAUSTREGEL

Ob im Alltag oder im Training – es gibt eine sehr wirksame Faustregel: Wenn ich ein Kommando gebe, setze ich es durch. Wenn es nicht vonnöten ist, setze ich meinen Willen anders durch. Möglichkeiten sind hier, den Hund durch schwierige Situationen schnell durchzuführen, ihn häufiger anzuleinen und gar nicht erst in die Gefahr von Konfrontationen zu bringen. Im Übrigen verläuft die Pubertät in Wellen. Sie beginnen hoch und schäumend, flachen wieder ab, um dann wieder aufzubegehren, und irgendwann erreichen sie das Ufer. Verlieren Sie bitte bei allem Tosen genau das nicht aus dem Blick.

ENDE GUT, ALLES GUT …

Das Schöne ist, dass wir nach einer anstrengenden und aufreibenden Phase der Pubertät und des Erwachsenwerdens einen Hund haben, der sich im Sinne der Gemeinschaft entscheidet. Überlegte und reflektierte Entscheidungen fühlen sich auch für den Vierbeiner wieder sinnvoller und schöner an, als kopflos dem ersten Impuls zu folgen. Es lohnt sich also, mit liebevoller Konstanz am Ball zu bleiben und den Hund beständig durch diese Phase zu begleiten.

INFO

Kastration als Lösung?

Zunächst sei gesagt, dass eine unbegründete Kastration gemäß Deutschem Tierschutzrecht nicht erlaubt ist. Wer seinen Hund kastrieren lassen möchte, sollte zuvor die Gründe abwägen und die Konsequenzen im Blick haben.

Eine Kastration hat starken Einfluss auf den Hormonhaushalt. Je früher sie stattfindet, desto größer sind die Folgen für den Hund. Dann dauert die Phase des Erwachsenwerdens mitunter viel länger oder das Erwachsensein stellt sich gar nicht richtig ein.

Tatsächlich birgt auch eine zeitlich nicht verfrühte Kastration einige Nachteile. Das allgemeine Krebsrisiko steigt, und die hormonelle Einstellung der geistigen und emotionalen Kompetenz kann gestört werden. Zudem deckeln Sexualhormone das Stresslevel und helfen einem Hund dabei, vernünftig erwachsen zu werden.

Wenn ein Rüde durch seine Hormone tatsächlich sichtbar leidet, kann alternativ zu einer operativen Kastration eine chemische Kastration eine gute Lösung sein. Dabei wird ein Chip unter die Haut gesetzt, der nach einem halben oder einem ganzen Jahr seine Wirkung einstellt.

Wir empfehlen Ihnen dringend, vor einer Operation individuellen und eingehenden Rat beim Hundetrainier sowie beim Tierarzt einzuholen.

3 UNSER KUNTER-BUNTER ALLTAG

Das Leben mit Hund wird nicht auf dem Trainingsplatz entschieden, sondern mittendrin in unserem alltäglichen Wahnsinn – zwischen Job und Zuhause, der Familie und den Momenten allein. Wer seinem Hund gegenüber eine klare Haltung einnimmt, schafft in allen Szenarien eine gute Konsistenz und lebt Konsequenz, mit kleinen und schönen Ausnahmen.

UNSER FAMILIENLEBEN MIT HUND

Fühl dich frei, sei ganz daheim? Das können wir leben, wenn wir ein paar Hausregeln festlegen. Diese lassen sich ganz individuell gestalten, solange sie für den Hund nachvollziehbar sind und von allen gelebt werden.

Zu Hause ist unser ganz individuell gestalteter und unser geliebter Ort. Unser Heim – unsere Regeln. Und das leben wir mit Selbstbewusstsein, auch wenn unsere liebste Regel eigentlich die ist, dass wir zu Hause eben gar keine klaren Regeln aufstellen wollen. Das Wohlfühlen soll über allem stehen – sowohl für uns wie auch für unser vierbeiniges Familienmitglied.

Tatsächlich erleben wir als Hundetrainer oft, dass Menschen mit genau dieser inneren Haltung in die Hundeschule kommen und uns Probleme schildern, die für sie erst vor der Haustür, also draußen beginnen. Drinnen? Das spielt für sie kaum eine Rolle. Kein Wunder, denn zu Hause neigen wir nur allzu gern zu Bequemlichkeit, und auch die Folgen von Inkonsequenzen scheinen nur uns zu betreffen und sind deshalb leicht zu ignorieren. Dann komm mal eben aufs Bett oder aufs Sofa. Und wenn du so lieb schaust, gibt es ausnahmsweise doch noch eine Winzigkeit vom Tellerrand ...

Emotional ist dieses Verhalten total verständlich. Mal nachlässig zu sein, das kann sich für uns Menschen richtig wohltuend anfühlen. Gäbe es da nicht diesen riesigen Rattenschwanz an Problemen, die Hundehalter häufig gar nicht mehr auf ihren Ursprung zurückführen können. Denn der Hund erwartet Klarheit, und es ist ihm herzlich egal, ob wir uns auf dem Wochenmarkt oder im eigenen Wohnzimmer aufhalten.

HAUSREGELN AUFSTELLEN

Das Verhalten zu Hause hat also einen riesigen Einfluss auf das Gesamtbild, das der Hund von uns bekommt. Wer trifft die Entscheidung und hat in diesem gemeinsamen Leben das Ruder in der Hand? Diese Frage schwingt permanent mit, und es reicht deshalb bei Weitem nicht aus, die Antwort darauf auf dem Hundeplatz zu suchen.

Als verantwortungsbewusste Hundehalter müssen wir uns folgenden Merksatz verinnerlichen: Wir sind die Führungskraft – auch daheim, auch in Jogginghose auf dem Sofa! Deshalb braucht es selbst zu Hause klare Regeln, die zwar Ausnahmen erlauben, aber eine klare Kommunikation erfordern.

Was ist uns wichtig? Wie wollen wir leben?

Wir raten jeder Familie, jedem Single – eigentlich jedem Hundebesitzer –, sich ganz altmodisch hinzusetzen und sie einmal mit Stift auf Papier zu bringen: die Hausregeln, die das Zusammenleben mit dem Vierbeiner und vor allem die Grenzen festhalten.

Die erste Regel gilt uns Menschen und heißt: Je besser ein Hund gelernt hat, Regeln einzuhalten, desto mehr Freiheiten kann er genießen. Er wird auf diese Weise auch lernen, sich im Sinne der Gemeinschaft zu entscheiden und sogar selbstständig Entscheidungen zu treffen, die wiederum ganz in unserem Sinne sind.

Der Hund weiß genau, dass es ihm nicht erlaubt ist, in das obere Stockwerk zu gehen.

Anschließend geht es an die gemeinsamen Regeln, also Dinge, auf die man sich als Familie verständigen kann. Doch auch wenn wir diese Regeln aufschreiben, bedeutet es nicht, dass sie für immer und ewig in Stein gemeißelt sind. Wobei es im Zusammenleben mit und ohne Hund natürlich durchaus sinnvoll ist, Regeln, die gemeinschaftlich beschlossen wurden, ebenfalls gemeinsam einzuhalten.

Auch wenn wir stark für Konsequenz appellieren, ist ein Regelbruch nicht sofort aller Tage Abend und führt zu einem Ende der Erziehung und Beziehung. Im Übrigen dürfen auch strenge Regeln im Nachhinein aufgeweicht werden, und jede Regel darf nach ihrer Alltagsprobe natürlich innerhalb der Kategorien verschoben werden. Hundeerziehung ist immer individuell – so wie ihre Regeln. Was für den einen Haushalt elementar wichtig ist, kann im nächsten schon ganz anders sein. Daher gilt, immer das große Ganze im Blick zu behalten. Ehrgeiz, die festgehaltenen Regeln zu leben, ist durchaus sehr lohnenswert.

Diese Schubladen bringen Klarheit – unser Werkzeugkasten

Wir unterteilen festgelegte Regeln in drei Erziehungskategorien, die für Klarheit bei Hund und Halter sorgen und Struktur in den Alltag bringen:

1. Es ist immer erlaubt, es sei denn, wir verbieten es.
2. Es ist immer verboten, es sei denn, wir erlauben es.
3. Es ist grundsätzlich tabu!

Um die erste Kategorie durchzusetzen, brauchen wir eine gut etablierte Korrektur oder ein Verbotssignal, um grundsätzlich erlaubtes Verhalten unmittelbar unterbinden zu können. Für die zweite Kategorie benötigen wir ein deutliches Auflösesignal, das dem Hund klarmacht: »Jetzt ist es okay – du darfst!« (siehe Kasten, Seite 15). Und für die letzte Kategorie bedarf es vor allem sehr guter Managementmaßnahmen, um das Tabu durchzusetzen und das Verhalten wirklich zu unterbinden. Der Hund sollte keine Möglichkeit haben, das Tabu auf irgendeine Art und Weise zu brechen. Ihm sollte in dieser Kategorie die absolute Ausgeschlossenheit total bewusst sein. Und die ihm drohenden Konsequenzen müssen so weitreichend und einschneidend sein, dass sich der Wunsch des Tabubruchs maximal reduziert.

DIE WICHTIGSTEN REGELN

Wie wir leben, ist ganz unterschiedlich. Und deshalb erweist sich auch die Erstellung der Hausregeln als individuelle Geschichte. In kleinen Wohnungen ist es sinnvoll, einem Hund das Toben zu untersagen. Im geräumigen Wohnumfeld kann es dem Zusammenleben und der Einrichtung vielleicht nichts anhaben. Dann ist es für diese Lebensverhältnisse kein Tabu, sondern okay.

Wer kommt mit ins Bett?

Ein großes Thema bei nahezu allen Hundebesitzern sind das Sofa und das Bett – und damit die besten Beispiele für die Individualität der Entscheidungen. Während im Hause Vogt der Hund mit der Familie auf dem Sofa kuscheln darf, ist es bei Familie Birkenholz die Ausnahme und demnach eine Regel der zweiten Kategorie. Der Spruch »Mein Haus – meine Regeln« darf also weiter gelten, und das finden auch wir Profis richtig schön. Nur diese frei gewählten Regeln in Klarheit zu leben, das ist der Erziehung und Beziehung eben sehr dienlich.

Du bleibst schön unten!

Dem Hund das Betreten einer ganzen Etage zu unterbinden, kann durchaus sinnvoll sein. Gerade für Rassen, die im Alter Probleme mit Gelenken entwickeln, sind viele Stufen und häufiges Treppensteigen keine gute Idee. In manchen Familien leben auch auf anderen Etagen weitere Tiere, die ein Hund in den totalen Stress versetzt. Und auch Kinderzimmer sind häufig kein guter Ort für neugierige Hundenasen. In unseren Leben gehören die Kinderzimmer übrigens in die zweite Kategorie. Und der Alltag zeigt, dass die permanente Anwesenheit eines Hundes in Legowelten Nerven kostet, aber in ausgewählten Momenten innige Momente und unvergessliche Familienerinnerungen bedeuten kann.

Nix gibt's vom Tisch!?

Wenn der Hund neben einem Grillwürstchen keine Miene verzieht, schwillt in der Regel die Brust eines jeden Hundebesitzers stark an. Betteln gehört sich schließlich nicht – und in keinem Moment lässt sich so gut zeigen, wie sehr man sein Tier im Griff hat.

Wir wollen ehrlich sein: In unseren Haushalten ist das Füttern vom Tisch nur in der ersten Kategorie angesiedelt, denn wir lieben es, Essen mit unseren Hunden zu teilen. Und ja, deshalb

UNSER TIPP

Der Hund bekommt also je nach Lebenssituation Freiräume von uns verliehen. Wir finden übrigens nicht, dass ein Vierbeiner, der zu Hause auf jedes Polstermöbel springen darf, deshalb gleich verwöhnt und unerzogen ist. Trotzdem sollten wir uns diese Freiräume als Privilegien sehr bewusst machen und uns auch klar darüber sein, dass wir sie dem Hund wieder entziehen können.

Tatsächlich kann es in bestimmten Situationen sinnvoll sein, ihm Privilegien wieder zu untersagen. Wenn beispielsweise die Beziehung aus dem Gleichgewicht geraten ist und der Hund unerwünschtes Verhalten zeigt, lohnt es sich, seine Freiheit einzuschränken. Ganz konkret und sehr einschlägig ist das der Fall, wenn der Vierbeiner damit anfängt, ein Privileg – etwa den Platz auf dem Sofa – allein für sich zu beanspruchen und sogar gegen seine Menschen zu verteidigen. Da ist es durchaus effektiv, den Hund im wahrsten Sinne des Wortes wieder auf den Boden der Tatsachen zu bringen und ihn zu erden – und zwar neben dem Sofa und nicht auf ihm.

sitzen die Vierbeiner häufig mit großen Augen neben uns und warten darauf, dass doch noch etwas für sie übrig bleibt. Ganz praktisch dabei ist, dass der Hund in einer Familie mit Kindern als wunderbarer und völlig mühelos einzusetzender Staubsaugerersatz fungiert. Trotz Patschfingern ist der Boden unter dem Tisch völlig krümelfrei, und das kann durchaus angenehm und zeitsparend sein.

Essen vom Tisch – das ist eine aufgeweichte Situation, die wir uns ganz bewusst und völlig entspannt leisten. Denn wir fühlen uns in der Lage, unseren vierbeinigen Lieblingen dieses von uns bestimmte Privileg jederzeit zu entziehen.

Übrigens: Trotz kleiner Spenden vom Tellerrand ist das Klauen vom Tisch oder von der Küchenarbeitsplatte für uns ein absolutes Tabu. Ja, der Grat ist schmal, und natürlich wissen Hunde, die am Tisch gefüttert werden, dass sich dort der Platz für Leckereien befindet und sicherlich noch mehr zu holen wäre. Aber auch die Vierbeiner, die nie etwas aus der Küche oder vom Essbereich bekommen, schaffen es, diese Verbindung sofort zu verstehen. Hundenasen können Krebszellen erschnüffeln. Da kann man auch dem Mops zutrauen, dass er weiß, wo die Wurst liegt.

Renn mir nicht dauernd hinterher!

Das hartnäckige Verfolgen des Halters innerhalb der eigenen vier Wände ist ein Thema, das uns in unserem Hundetraineralltag häufig begegnet und beschäftigt. Denn dieses Verhalten ist besonders genau unter die Lupe zu nehmen. Nicht selten glauben Hundebesitzer, dass ihr Vierbeiner sie im Haus oder in der Wohnung auf Schritt und Tritt verfolgt, weil er seinen Menschen so gernhat und jede freie Sekunde mit ihm verbringen möchte. Das gibt es schon auch, doch es ist eher die Ausnahme als die Regel. Denn oft sind

Leckereien auf Augenhöhe – das ist die maximale Verführung. Wer kann da schon widerstehen?

es genau diese Hunde, die nach dem Verlassen der eigenen vier Wände ihren Halter keines Blickes mehr würdigen und ihn draußen furchtbar langweilig finden.

Für die meisten Hunde bedeutet es eben nicht »Liebe«, wenn sie ihren Menschen auf Schritt und Tritt verfolgen, sondern Stress und Unruhe. Sie haben in unserem hektischen Alltag alle Pfoten voll damit zu tun zu kontrollieren, wohin wir gehen, ob wir das, was wir tun, denn auch ohne sie können, ob wir eventuell sogar ohne sie zu einem Ausflug aufbrechen. Der Kontrollverlust, wenn der Mensch die Wohnung ohne seinen Vierbeiner verlässt, sorgt nicht selten dafür, dass diese Hunde starke Probleme damit haben, allein zu Hause zu bleiben. Das ist unfassbar anstrengend, besonders für ein Lebewesen, das eigentlich den Großteil seines Tages mit Ruhen und Entspannen verbringen sollte. Uns Menschen genügt es in der Regel, sechs bis acht Stunden in der Nacht zu schlafen, für unsere Hunde ist das zu wenig.

Nur nichts verpassen!

Hunde, die permanent hinterherlaufen, entwickeln interessante Strategien, die es ihnen ermöglichen, doch hin und wieder mal zu ruhen, ohne dabei zu verpassen, wenn der Mensch sich in Bewegung setzt. Ein gutes Beispiel dafür ist das Schlafen auf oder an unseren Füßen, wenn wir uns mit einem Kaffee und der Tageszeitung oder diesem Buch an den Tisch oder aufs Sofa setzen. So kann unser Liebling kurz dösen, merkt aber trotzdem sofort, wenn wir aufstehen. Auch das Schlafen vor Türen oder Durchgängen ermöglicht es unserem vierbeinigen »Stalker«, all unsere Aktivitäten trotz seiner Ruhephase schön zu kontrollieren. Wir empfehlen Ihnen, hier einen genauen Blick auf das Verhalten Ihres Hundes zu werfen und über Raum- und Platzzuweisungen dafür zu sorgen, dass Ihr vierbeiniger Liebling besser zur wohlverdienten und notwendigen Ruhe und Gelassenheit findet. Sie nehmen damit einen sehr wichtigen Teil Ihrer Verantwortung als Hundebesitzer wahr.

Natürlich gibt es auch bei uns Momente im Alltag, in denen wir das Hinterherlaufen unserer Hunde getrost erlauben. Zum Beispiel, wenn sie sich in Bewegung setzen, sobald sie mitbekommen, dass wir uns zu einem Spaziergang bereit machen. Auch folgen uns unsere Hunde, nachdem wir die Näpfe aufgehoben haben, um sie bald zu befüllen. Dennoch gibt es auch hier Tage, an denen uns das Gewusel stört und wir unsere Vierbeiner zurück auf ihre Plätze schicken.

Versuchen Sie, einen neutralen und individuellen Blick auf Ihren vierbeinigen Freund zu werfen, und glauben Sie uns bitte, wenn wir Ihnen sagen: Ihr Liebling hat Sie nicht weniger gern, wenn Sie Raum zwischen sich und ihn bringen – ganz im Gegenteil!

Es stimmt nicht, dass ständiges Hinterherlaufen ein Ausdruck inniger Liebe zu seinem Menschen ist. Im Gegenteil: Der Hund hat viel Stress dabei.

Es klingelt – und nun?

Für viele Hunde ist es eine sehr aufregende Situation, wenn Besucher vor der Tür stehen. Sei es der Postbote mit einem Paket in der Hand, die beste Freundin, die zum Kaffeeklatsch vorbeischaut, oder der Nachbar, der sich etwas Mehl borgen möchte – alles superspannend!

Oft sind es die Vierbeiner, die nach dem Ertönen der Klingel als Erste die Tür erreichen. Das allein finden wir überhaupt nicht schlimm. Auch das Bellen, wenn Besuch kommt, gehört bei Familie Birkenholz auf jeden Fall dazu. Denn das Bewachen von Haus und Hof ist eine tief im Vierbeiner verwurzelte Aufgabe. Nicht umsonst gilt ein Hund im Haus als bestmöglicher Einbruchsschutz. Bellen beim Ertönen der Klingel ist also ein Verhalten, das in den Häusern Birkenholz und Vogt in die erste Kategorie fällt: Es ist immer erlaubt, es sei denn, wir verbieten es.

Wir haben den Anspruch an unsere Hunde, dass sie auf uns hören – auch wenn es klingelt! Erachten wir es als unangemessen oder störend, dass die Vierbeiner mit zur Tür kommen, sind wir in der Lage, sie auf ihre Plätze zu schicken oder sie auf Distanz zu halten.

Natürlich kann es genauso gut funktionieren, wenn Sie die Besuchersituation in Kategorie zwei packen: Zur Tür laufen ist immer verboten, es sei denn, Sie erlauben es. Hunde können sogar recht schnell lernen, das Geräusch der Türklingel mit dem Verhalten »Geh in dein Körbchen« zu verknüpfen, sodass sie sich direkt beim Ertönen der Klingel auf ihren Platz zurückziehen.

Eine Verhaltensweise, die für uns ein echtes Tabu darstellt, ist das Anspringen und Bedrängen von Besuchern. Zwar sind die meisten unserer Gäste auch Hundefreunde, aber nicht alle. Manche haben vielleicht sogar Angst vor unseren Hunden, die doch in den meisten Begrüßungssituationen nichts als Zuwendung und Aufmerksamkeit im Sinn haben. Auch viele Paketzusteller sind mit Sicherheit dankbar, wenn sie an der Wohnungstür eines Hundebesitzers das Paket ohne Kontakt zum Vierbeiner zustellen können.

Es gehört für uns zu einem respektvollen Umgang mit unseren Mitmenschen einfach dazu, dass Hunde lernen, sich Menschen gegenüber respektvoll zu verhalten. Das bedeutet nicht, dass sie generell keinen Besuch begrüßen dürfen – hier entscheidend ist das »WIE«: freundlich und still wedelnd mit allen vier Pfoten auf dem Boden! So sind die meisten gern bereit, dem Hund die gewünschte Aufmerksamkeit zu schenken.

Sollten Menschen jedoch keinen Kontakt zu unseren Vierbeinern wünschen, müssen sowohl wir als auch unsere Hunde dies akzeptieren. Und wir sehen direkt das Gute darin, denn es trainiert unsere Frustrationstoleranz – und gleichzeitig auch die unseres Lieblings.

UNSER TIPP

Tabus einhalten leicht gemacht: Zum Glück muss nicht nur unsere Autorität für das Einhalten der Regeln sorgen. Es gibt Hilfsmittel, kleine Managementmaßnahmen, die bei der Zielsetzung helfen und das Alltagsleben richtig erleichtern können. Kindergitter, eine Hausleine, abgesperrte Bereiche, Türen oder auch Maulkörbe haben je nach Hund und Lebenslage ihre Berechtigung und sind sehr sinnvoll.

Hunde an der Tür – wenn sie dann nicht ruhig bleiben, kann dies zu allerlei Tohuwabohu führen.

MIT REGELN SPIELT MAN NICHT

Die Regeln stehen, nun geht's an die Konsequenz. Gerade ehrgeizige Hundehalter sind glücklicherweise bereit, der Einhaltung des Regelwerks viel Aufmerksamkeit zu schenken. Je klarer dem Vierbeiner die Regeln sind, desto schneller können wir ihm gewisse Privilegien zugestehen.

Hunde haben viel Zeit, uns und unsere alltäglichen Muster zu beobachten. Hierbei ergibt sich eine kleine Falle, in die so mancher Hundebesitzer bereits getappt ist und die oft ziemlich kuriose Szenen ergibt, denn Hunde lernen erstaunlich schnell, uns zu steuern.

Viele Hunde wollen vor allem eins: unsere Aufmerksamkeit. Wenn der Vierbeiner bemerkt, dass ein bestimmtes Verhalten eine bestimmte Reaktion, wie zum Beispiel ein Streicheln oder manchmal sogar nur einen Blick, nach sich zieht, fühlt sich das wie eine kleine Belohnung an. Es kann also durchaus passieren, dass der Hund bewusst Dinge tut, weil er dann herrlich viel Aufmerksamkeit erhält.

Nutzt er nun aber diese Bühne, empfehlen wir, das aufmerksamkeitssuchende Verhalten zu ignorieren. Ein bewusstes Wegschauen kann diese unerwünschte Bestärkung abschaffen und das Bild, das der Hund von uns hat, korrigieren.

Verlieren Sie deshalb nie den Blick für das Wesentliche aus den Augen – und geben Sie vor allem nicht die Fäden aus der Hand. Wer trifft hier die Entscheidungen? Wer bewegt wen? Und wer sorgt dafür, dass etwas passiert oder eben nicht passiert?

Gerade in der Erziehungsphase ist es sehr wichtig, dem Hund möglichst wenig eigenen Entscheidungsspielraum zuzugestehen und ihm viele Entscheidungen abzunehmen, etwa ob er im Körbchen oder doch auf dem Sofa liegt.

FÜTTERN, FRESSEN UND BELOHNEN

Die Fütterung ist ein wichtiger Aspekt, der die Gesundheit und das Wohlbefinden des Hundes maßgeblich beeinflusst. Oft macht man sich viele Gedanken rund um den Futternapf. Wir schildern einen sinnvollen Umgang mit dieser Ressource.

Morgens, mittags, abends und gern auch zwischendurch: Wir denken ständig an Essen. Wann sie was zu sich nehmen, ist für die meisten Menschen ein riesiges Thema. Kein Wunder also, dass dieses lebenserhaltende und Lebensqualität schenkende Thema auch einen großen Raum unserer Gedanken in der Hundeerziehung einnimmt. Und wir geben es gern zu: Für unsere Vierbeiner ist Fressen ebenfalls ein Riesending – echte Lebensfreude, die schönste Belohnung und essenziell für die Gesundheit.

APROPOS BELOHNUNG

Bei dem Stichwort Belohnung schwingt allerdings ein nicht zu verachtender Nutzen des Futters bereits mit. Wir Menschen setzen Leckerchen ein, um die Beziehung zu unserem Hund zu pflegen. Wir drücken so unsere Zuwendung aus, machen uns Gedanken, welches Fressen unser Liebling besonders gern mag, und wollen ihm mit kleinen Leckereien oder einem großen Kausnack den Alltag versüßen.

Für unsere Hunde ist Futter hingegen vor allem eines: eine Ressource – und zwar eine ganz entscheidend wichtige. Und genau aus diesem Grund legen wir Ihnen dringend ans Herz, diese wertvolle Ressource mit größtmöglichem Sinn und Sachverstand zu verwalten – so mächtig Ihr Wunsch auch sein mag, Ihren Vierbeiner nach Strich und Faden zu verwöhnen.

Auf die Menge kommt es an

Es ist also nicht im Sinne einer erfolgreichen Erziehung, den Hund mit Leckerchen zu stark zu verwöhnen. Zumindest sollten Sie sich der Bedeutung von Futter als Ressource bewusst sein und sie mit Bedacht einsetzen, denn ein Übermaß nimmt auch dem feinsten Happen den Zauber. Wer seinem Vierbeiner Leckerchen ständig und grundlos zur Verfügung stellt, schafft sie als Belohnungsmittel automatisch ab. Wofür rennen, wenn der Napf ständig voll ist?

Wir Menschen sind da übrigens auch nur Tiere und kennen den Effekt aus unserem eigenen Leben: Wer jeden Tag aus seinen Lieblingsspeisen frei wählen darf, wird sie eher leid, anstatt sie weiter als begehrenswert zu empfinden. Und so gilt für den Hund wie für den Menschen gleichermaßen: Belohnungen funktionieren nicht nur über ihren guten Geschmack, sondern auch über ihre begrenzte Verfügbarkeit.

Die Konsequenzen eines ausgeprägten Verwöhnens mit Futter reichen sogar noch weiter. Wir haben schon häufiger beobachten dürfen, dass auch das Raubtier Hund das Zeug zum echten Feinschmecker hat. Wird dem Vierbeiner ein besonders leckeres Fressen jederzeit zur Verfügung gestellt, kann er des heiß ersehnten Mahls überdrüssig werden. Möglicherweise schleicht sich sogar ein sichtbares Mäkeln ein: Der Hund begutachtet den Napf von allen Seiten, schnuppert daran – nur um dann doch abzudrehen.

Und wie reagieren daraufhin die meisten Tierfreunde? Sie versuchen, das einst besondere Fressen zu toppen und ihrem Liebling noch wohlschmeckendere Mahlzeiten zur Verfügung zu stellen. Der Vorratsschrank füllt sich mit diversen Sorten und Varianten, damit der Hund auch bloß etwas frisst. So erziehen wir unsere besten Freunde quasi zum Mäkeln und kaufen bei allem guten Willen zur teuren Kost auch noch den schiefen Blick in den Napf mit ein.

Was ist die Konsequenz? Es entsteht ein Spiel, quasi ein Wettkampf um die Gunst des Hundes, was zwar sehr spannend zu beobachten ist, aber das Training und auch die Beziehung zwischen Hund und Halter belastet. Dazu kommt noch eine gesundheitliche – und deshalb sehr ernst zu nehmende – Folge: Ein häufiger Futterwechsel führt zu Umstellungen im ganzen Körper, und dies wiederum bedingt nicht selten Blähungen, Durchfall und Bauchschmerzen.

Welches Futter passt am besten zu meinem Hund und unserem Lebensstil?

Deshalb gilt für den Hund das Gleiche wie für uns Menschen: Belohnen gehört dazu, das Gönnen einer stattlichen Belohnung auch – aber all das ist eine Frage der Dosis und der Häufigkeit. Wer achtsam isst und füttert, ist also auf einem für alle wohlverträglichen Weg.

VERSCHIEDENE FUTTERARTEN

Die Auswahl an Hundefutter ist riesig. Die unterschiedlichen Dosen, Tüten und Säcke füllen in den Geschäften ganze Regalwände. Dazu kommen die Tiefkühltruhen mit rohem Angebot. Gefüttert werden kann also der Hund mit Trocken- und Nassfutter, mittels BARF (steht für Biologisch Artgerechtes Rohes Futter oder auch Bones and Raw Food) oder mit gekochten Rationen aus eigener frischer Zubereitung.

Die Frage, welche Art der Fütterung die beste ist, muss jeder Hundehalter für sich selbst individuell beantworten und passend zu seinem Alltag und den eigenen Möglichkeiten festlegen. Entscheidend ist natürlich zum einen das Wohlbefinden des Vierbeiners und zum anderen die Gewährleistung, dass die Inhaltsstoffe den Bedarf des Hundes decken.

Trockenfutter

Der große Vorteil von Trockenfutter liegt auf der Hand: Es ist sehr praktisch zu verfüttern. Die Tüte lässt sich einfach und schnell aufreißen, und wenn man zu großen Packungseinheiten greift, verursacht man weniger Müll. Das Futter selbst hält lange, sondert weniger intensiven Geruch ab als andere Varianten und lässt sich gut lagern. Außerdem ist es in der Regel kostengünstiger als Nassfutter oder BARF. Der Nachteil ist, dass es kaum Flüssigkeit enthält. Hier muss der Mensch unbedingt darauf achten, dass sein Vierbeiner genügend Wasser zu sich nimmt.

Trockenfutter ist vor allem in der Handhabung herrlich praktisch.

Viele Hunde lieben Nassfutter, denn es ist oft besonders schmackhaft.

Nassfutter

Auch Nassfutter ist lange haltbar, aber die kleinen Konservendosen verursachen wesentlich mehr Müll als Trockenfutter. Viele Hunde bevorzugen den Geschmack und die Konsistenz von Nassfutter gegenüber Trockenfutter. Außerdem beinhaltet diese Futterart auch Flüssigkeit, was der Verdauung und der Gesundheit sehr zuträglich ist. Die Futterdose sollte nach dem Öffnen gekühlt gelagert und innerhalb kurzer Zeit verbraucht werden, da es schneller verdirbt als Trockenfutter. Die meisten Nassfuttersorten sind in der Regel teurer als Trockenfutter, insbesondere wenn hochwertige Zutaten verwendet werden.

BARFen oder selbst kochen

Den Hund zu BARFen oder sein Futter frisch zu kochen, ist etwas für Idealisten. Sicherlich ist gerade BARF die wohl artgerechteste Ernährung. Auch frisch zubereitete Mahlzeiten sind biologisch sehr hochwertig. Wir geben allerdings zu bedenken, dass der zeitliche Aufwand verhältnismäßig hoch ist. Hinzu kommt, dass es einer sehr guten Vorbereitung und Planung bedarf, damit der Nährstoffbedarf des Hundes verlässlich gedeckt wird. Es besteht ein gewisses Risiko, denn eine unausgewogene Ernährung kann zu Mangelerscheinungen führen, wenn nicht alle wichtigen Nährstoffe berücksichtigt werden.

Ein großer Vorteil bei diesen beiden Formen der Fütterung ist es, dass Sie die volle Kontrolle über die Qualität und Auswahl der Zutaten haben und somit genau wissen, was verfüttert wurde. Hochwertige Zutaten für selbst zubereitete Futterrationen können allerdings deutlich teurer sein als der Kauf von Fertigfutter.

Wir raten, das Thema zu Beginn mit einem Experten zu besprechen. Und es ist zu bedenken, dass nicht nur Lebensmittel, sondern auch Zusätze besorgt und eventuell sogar eine große Tiefkühltruhe angeschafft werden müssen. Wer all diese Herausforderungen stemmen kann, hat aber eine hervorragende Ernährungsgrundlage für seinen Hund geschaffen.

SPECIAL

RICHTIG BELOHNEN

Belohnungen sind nicht nur etwas Wunderbares, sondern auch etwas ganz Individuelles – das gilt natürlich auch für uns Menschen. Während für den einen ein Stück Schokolade das Größte ist, träumt der andere von salzigen Nüssen – oder einer entspannenden Massage.

Die Geschmackswelten von Hunden sind wie bei uns unterschiedlicher, als man meinen würde. Ein richtiges Belohnen, das auch im Training zielführend ist, setzt also ein echtes Kennen und Hinschauen voraus. Und längst nicht für jeden Hund steht Futter auf dem ersten Platz. Die häufigsten Belohnungsarten im Hundetraining sind:

- Futter
- Spiel
- Sozialer Kontakt mit dem Menschen (Lob und Zuwendung)

BELOHNUNGSARTEN JE NACH SITUATION EINSETZEN

Auch wenn wir uns in diesem Kapitel nur dem Thema Futter zuwenden, sollten wir im Blick haben, dass Belohnen nicht ausschließlich über den Magen funktioniert. Wann welche Belohnungsart zu bevorzugen ist, hängt also ganz individuell vom Hund sowie von der Situation ab. Sich flexibel zu halten, erweist sich als sinnvoll, und selbst innerhalb einer Belohnungsart lassen sich noch Variationen bilden, denn nicht jedes Leckerchen hat denselben Reiz.

So bedeuten also unterschiedliche Leckereien auch unterschiedlich starke Anreize. Trockenfutter beispielsweise kann ein netter kleiner Anreiz für leichtere Übungen sein, während ein Stück Käse oder Fleischwurst den größten Motivationskick für sehr schwierige Trainingseinheiten abgibt (siehe Seite 66 f.).

Die Belohnungsarten lassen sich kombinieren und ergeben extrem wirkungsvolle Verbindungen. Ein spielerisch geworfenes Stück Futter oder ein Leckerbissen in Kombination mit einem überschwänglichen stimmlichen Lob können für den Hund zu einem wunderschönen Gesamterlebnis verschmelzen.

BELOHNE ICH NOCH ODER BESTECHE ICH SCHON?

Es gibt einen feinen, aber sehr entscheidenden Unterschied zwischen Belohnungen und Bestechungen. Während das Erste für die Erziehung des Hundes und die Beziehung zwischen Vierbeiner und Halter sinnvoll ist, ist das Zweite vielleicht gut gemeint, aber gar nicht förderlich.

Was genau den Unterschied ausmacht, zeigt unser eigenes Leben: Wenn wir zum Beispiel möchten, dass unsere Kinder ihr Zimmer aufräumen oder ihre Hausaufgaben vollständig und ordentlich erledigen, können wir das Ziel über Bestechung oder Belohnung erreichen.

Bestechung

Bei einer Bestechung präsentieren wir den Gewinn – beispielsweise ein Eis – und sagen dem Kind deutlich, dass es den ersehnten Gewinn nur dann erhält, wenn es unsere Bedingungen akzeptiert und die Aufgabe ausführt.

Belohnung

Bei einer Belohnung besprechen wir das Ziel, ohne den Gewinn zu zeigen. Erst wenn das Kind seine Aufgabe erfüllt hat, überraschen wir es mit dem Eis oder einer anderen Zuwendung.

In diesem Beispiel wird deutlich, dass Belohnungen ein wunderbares Extra sind. Bei Bestechungen werden Geschäfte abgeschlossen. Der Einsatz und die Bedingungen sind klar, alleiniges Ziel ist das Erreichen des Gewinns. Bestechungen funktionieren allein rational, während Belohnungen emotional verstärken. Ein Verhalten wird als moralisch gewünscht eingestuft, der Wunsch, zu helfen und einen Beitrag zu leisten, intrinsisch verankert.

Folgen für den Hund

Genau diesen Unterschied machen Belohnung und Bestechung auch im Zusammenleben mit unserem Vierbeiner aus. Wir möchten eben nicht »mit dem Schinken winken«, damit unser Hund zu uns kommt, wenn wir ihn rufen. Vielmehr möchten wir gute Verhaltensweisen belohnen, uns aber nicht gleichzeitig erpressbar machen. Gelingt uns das, so sind wir erfreulich unabhängig von Futtergaben als Belohnung und stärken unsere Mensch-Hund-Beziehung.

Nicht nur im Hundefutterregal, auch in unserem Kühlschrank sind für Hunde echte kulinarische Highlights zu finden.

ÜBUNGEN FÜR ZU HAUSE

Die meiste Zeit verbringen wir mit unserem Hund nicht auf Spazierwegen, sondern zu Hause. Schauen wir uns also diesen Lebensmittelpunkt noch etwas genauer an. Wo hakt es, wo können wir den Alltag mit Hund leichter gestalten?

Welchen Traum hatten Sie, als Sie sich Ihr Leben mit Hund ausgemalt haben? Bei den meisten Hundefreunden sind es die Spaziergänge: entspanntes Laufen über Felder, Toben im Wald, Bällchenwerfen auf der Wiese. Vielleicht ist es wie zu Beginn mit unseren menschlichen Beziehungen. Wir sehen uns gemeinsam im Urlaub, in Restaurants sitzen, glücklich, sorglos, voller Harmonie. Beide Fälle haben eins gemein: Natürlich gibt es sie, diese glanzvollen Momente. Sie sind essenziell und gehören in jedem Fall dazu. Der wahre Test für eine gute Beziehung, für eine funktionierende Konfliktbewältigung und einen schönen Alltag zusammen, der wird aber zu Hause entschieden.

Die eigenen vier Wände sind unsere Basis, der Platz, an dem wir die meiste gemeinsame Zeit verbringen, Kraftstätte, Ruheort. In der Realität ist das Zuhause – für menschliche wie auch für tierische Beziehungen – der Ort, an dem die meisten Konflikte entstehen. Darf der Hund auf das Sofa? Hat er wirklich Essen von der Arbeitsplatte gestohlen? Wie kann es sein, dass er schon wieder die Kinderzimmer auf links gedreht hat? Und wieso steht er, sobald ich nur den Anschein mache zu gehen, jaulend an der Tür?

All diese Fragen sind nur Ausschnitte von möglichen Problematiken, für die es zum Glück gute Lösungen gibt. Wir finden aber, dass es noch besser ist, sie gar nicht erst entstehen zu lassen.

Deshalb lohnt sich ein Blick auf den Bereich der eigenen vier Wände, eine klare innere Haltung und grundlegende Übungen, die so manchen Konflikt von Beginn an vermeiden. Wir möchten mit Ihnen daran arbeiten, dass der große Traum von der Freude vor der Haustür, aber auch die manchmal vergessene, doch umso wichtigere Entspannung im Haus wahr werden.

ARBEIT AN DER BASIS

Erfahrungsgemäß lassen sich viele Probleme, die Hundebesitzer draußen haben, auf Themen im häuslichen Umfeld zurückführen. Legen Sie daher Ihren Fokus auf das häusliche Umfeld. Schauen Sie genau hin und beobachten Sie: Wer lenkt hier wen? Wer trifft wann welche Entscheidungen? Und wer sorgt dafür, dass etwas passiert?

Übernimmt Ihr Hund bereits zu Hause viel Führung und Kontrolle, wird er Ihnen diese auf den Spaziergängen höchstwahrscheinlich nicht diskussionslos überlassen. Sie können also viele Konflikte draußen mit gelungenem Training und soliden Strukturen drinnen vermeiden.

Die folgenden Übungen lassen Sie in Ihrer Führungskraft wachsen und signalisieren dem Vierbeiner, dass Sie in der Lage sind, die Kontrolle zu übernehmen. Hunde lieben Menschen, die ihnen klare Rahmenbedingungen für das Zusammenleben aufzeigen. Dies gibt ihnen die nötige Sicherheit, um entspannt und gelassen den Alltag unserer schnelllebigen Zeit zu bewältigen.

ÜBUNG

ALLEIN BLEIBEN

Diese wichtige Lektion fällt vielen Hunden zunächst sehr schwer. Kein Wunder, denn sie sind hochsoziale Wesen und in ihrer ganzen Beschaffenheit auf permanentes Zusammensein programmiert. Trotzdem können wir mit Fingerspitzengefühl und gutem Training bald erreichen, dass wir guten Gewissens gehen können – und der Hund entspannt zurückbleibt.

FRÜH ÜBT SICH …

Manche Lektionen sind Kür, andere individuell gestaltbar und manche aus unserer Erfahrung Pflichtprogramm. Die Lektion des Alleinbleibens empfinden wir als Letzteres. Denn die Einschränkungen, als Erwachsener (ohne kleine Kinder) nicht essen gehen, nicht einkaufen, geschweige denn zur Arbeit fahren zu können, sind schlichtweg viel zu groß.

Also los geht's ins Training – und zwar möglichst früh. Denn anders, als viele meinen, gehört das Alleinbleiben schnell in den Alltag integriert. Sobald der Hund, sei er aus dem Tierschutz oder ein Welpe, einige Ankommenstage im neuen Zuhause verbracht hat, kann mit den ersten Schritten in Richtung Alleinbleiben begonnen werden. Deshalb gilt hier: Früh übt sich – und schon haben wir eine Selbstverständlichkeit integriert.

WIR BRAUCHEN ETWAS ABSTAND

Das Training beginnt natürlich zu Hause und bleibt auch erst mal dort. Denn Hunde haben die Tendenz, zu Hause in den eigenen vier Wänden ihren geliebten Menschen auf Schritt und Tritt zu folgen (1–2). Wer den Vierbeiner daheim aber immer im Rücken hat, kann nicht erwarten, dass er stressfrei allein in der Wohnung oder im Haus bleibt. Also heißt es, erst einmal Distanz im Alltag zu schaffen.

Beste Zeit zum Üben: Wir empfehlen Ihnen, täglich immer zu einem festen Zeitpunkt zu trainieren – und zwar genau dann, wenn alle Bedürfnisse Ihres Hundes befriedigt sind. Wenn Ihr Vierbeiner also schön satt, ausgepowert und dennoch gelassen ist, haben Sie die besten Voraussetzungen für das Training geschaffen.

DER EINSTIEG

Zunächst sollten Sie Ihren Hund zu Hause öfter begrenzen (siehe dazu ab Seite 108). Eine Türzarge, die Hundedecke oder das Ende eines Teppichs dienen als prima Begrenzung. Je länger und häufiger der Hund Sie entspannt ziehen lässt, desto erfolgreicher ist Ihr Training. Mit Länge sind hier übrigens weder Minuten noch Stunden gemeint. Einige Sekunden reichen zu Beginn völlig aus, erst allmählich können Sie die Dauer steigern.

Wichtig: Egal, ob die Trainingseinheiten klein oder groß sind, beginnen und schließen Sie sie nie mit einer großen Abschiedszeremonie oder einem aufgeregten Begrüßen. Es gilt, die totale Gelassenheit zu verkörpern (3). Dies bedeutet jedoch nicht, den Hund zu ignorieren, wenn er Sie freudig und respektvoll begrüßt. Jedoch sollten Sie eine extreme Aufregung des Vierbeiners nicht zusätzlich durch überschwängliche Begrüßung bestätigen. Schließlich wollen Sie eine Selbstverständlichkeit und keine Aufregung vermitteln. Begrüßen Sie Ihren Hund also ähnlich wie Ihren Partner oder Ihre Partnerin, wenn Sie nach der Arbeit oder dem Einkaufen heimkehren.

Kleine Anekdote am Rande: Unvergesslich bleibt für uns die Begegnung mit einem zweijährigen Rhodesian Ridgeback, der im echten Leben das Haus auseinanderpflückte, wenn er allein bleiben sollte, und nur im Training tiefenentspannt blieb. Des Rätsels Lösung war schlichtweg das Schuhwerk: Schlüpfte der Besitzer nur in Gartenschuhe, blieb der Hund ruhig. Trug er beim Verlassen des Hauses dagegen Sneaker, rastete sein Vierbeiner vor Trennungsschmerz völlig aus. Sie sehen also: »Ausgehschuhe, Tasche über die Schulter, Anorak an« – es kommt bei diesem Training sogar auf die Details an.

EIN HOCH AUF DIE HILFSMITTEL

Für die Entscheidung, ob eine Trainingseinheit erfolgreich war, hilft Fingerspitzengefühl und Technik. Der Hund darf Laute von sich geben. Ob er schnell wimmert oder jault, ist schlichtweg eine Charakterfrage. Manche Vierbeiner fiepsen, sobald sich eine Situation nur verändert, andere dagegen bleiben ruhig (4). Wir sagen: Ein wenig Stress auszuhalten und in Entspannung zu wechseln, gehört zu dieser Lektion dazu. Gerät Ihr Liebling allerdings in Panik, sollten Sie das Training abbrechen und lieber noch einmal einen Schritt zurückgehen.

Wie es dem Tier geht, können Sie dank Technik live mitverfolgen (5). Spezielle Kameras oder einfach zwei Smartphones im Modus Videoanruf bieten Ihnen spannende Einblicke und machen dieses Training wirklich kinderleicht.

Ihrem vierbeinigen Freund erleichtern Sie das Alleinbleiben, wenn Sie ihm etwas zum Ablenken zur Verfügung stellen. Von Kauartikeln raten wir wegen der Erstickungsgefahr ab, aber eine Schleckmatte ist ein schönes Hilfsmittel, das den Hund in der schwierigen Situation unterstützt und ihn zur Entspannung bringen kann.

Wichtig: Abschließend sei noch gesagt, dass wir zwar dringend zu einem frühen Trainingsstart raten, aber das Training selbst möglichst ohne Drängen verlaufen sollte. Wer beginnt und weiß, er hat nur 14 Tage für diese Lektion Zeit, sollte sich einen Plan B überlegen, anstatt den Druck auf den Hund zu übertragen. Es geht wohl selten so sehr um Entspannung und Vertrauen wie in diesem Zusammenhang – und genau das macht diese Übung eigentlich auch sehr charmant.

TIPPS FÜR HUNDEHALTER

Es ist ganz normal, dass das Training des Alleinbleibens auch mal länger dauert. Bitte verlieren Sie nicht die Nerven und geben Sie die Hoffnung nicht auf. Aus Erfahrung wissen wir, dass es sich lohnt und die Lebensqualität für Hund und Mensch um ein Vielfaches verbessert, wenn dieses Problem keines mehr ist.

Tipps für Manager: Vermeiden Sie Leistungsdruck! Es läuft nicht immer nur steil bergauf. Das ist keine Schande und sollte Sie nicht verärgern. Zeigen Sie Mitgefühl und setzen Sie das Training auch mal aus.

Tipps für Chaoten: In Ihrem aufregenden Alltag kann das Thema Alleinbleiben schon mal herausfallen. Gänzlich aus dem Fokus verlieren sollten Sie das Ziel eines entspannten Hundes keinesfalls!

Tipps für Empathen: Sie verstehen, dass es Ihrem Hund schwerfällt, doch machen Sie nicht den Fehler, ihn zu bemitleiden und gar zu trösten, wenn er jaulend auf Sie warten muss. Bleiben Sie bei sich und in gelassener Haltung – Sie möchten Selbstverständlichkeit vermitteln.

Tipps für Strukturierte: Auch wenn es nicht Ihr ursprünglicher Plan war, bisweilen ist es notwendig, im Training nochmals ein paar Schritte zurückzugehen oder gar vom Plan abzuweichen und neue Wege zu beschreiten.

TYPGERECHTES HUNDETRAINING

Zu welchem Typ gehört Ihr Hund? Hier bekommen Sie ein paar wichtige Tipps.

Tipps für Draufgänger

Hat der Draufgänger einmal das Alleinbleiben gelernt, bereitet es ihm meist keine großen Schwierigkeiten mehr. Er ist selbstbewusst und kommt auch entspannt ohne Sie zurecht. Bei ihm müssen Sie aber in der Anfangsphase damit rechnen, ihn häufiger zu begrenzen.

Tipps für Sturköpfe

Bei diesem Typus Hund kann man nie genau sagen, ob er das Alleinbleiben mit stoischer Gelassenheit hinnimmt oder vehement dagegen protestiert. Beides ist möglich. Bei lautem Protest gehen Sie besonders kleinschrittig vor.

Tipps für Sensible

Der Sensible hat häufig Schwierigkeiten damit, sich von seinem sicheren Hafen – dem Menschen – zu lösen. Planen Sie unbedingt ausreichend Zeit ein, um den Abnabelungsprozess mit liebevoller Konsequenz zu gestalten. Mitgefühl und Verständnis sind okay, Mitleid jedoch ist völlig fehl am Platz.

Tipps für Gemütliche

Hat man einen sehr gemütlichen Vierbeiner, ist es oft deutlich schwieriger, ihn zum Hinausgehen zu bewegen als entspannt im Haus oder in der Wohnung zu bleiben. Der Gemütliche versteht sehr schnell, dass das Alleinbleiben für ihn Ruhe und Entspannung bedeutet. Daher kann er in der Regel innerhalb kürzester Zeit auch schon längere Zeiträume über problemlos allein gelassen werden.

ÜBUNG

RUHE UND ENTSPANNUNG

Ausgeglichenheit, Ruhe und Entspannung sind wunderschöne und extrem wichtige Themen im Leben eines Hundes und seines Besitzers. Dennoch werden sie häufig völlig unterschätzt. Wir wollen mit dieser Übung Entspannung konkret trainieren.

MAL EBEN NICHTS TUN ...

Ruhe ist ein sehr großes Bedürfnis von Hunden. Wie viele Stunden genau am Tag mit Nichtstun verbracht werden sollten, hängt von Rasse, Charakter, Alter und Gesundheitszustand ab. Fest steht: Es sind bis zu 22 Stunden am Tag – mehr, als die meisten Hundebesitzer schätzen würden.

Ruhen heißt: Schlafen, herumliegen, dösen, einfach für sich sein. Interessanterweise führt genau dieser erstrebenswerte und gesunde Zustand bei vielen Hundebesitzern zu einem schlechten Gewissen. Müsste ich meinem Liebling jetzt nicht etwas bieten? Oder ihm zumindest Gesellschaft leisten und ihn streicheln? Unsere Antwort: ein klares Nein! Der Hund braucht diese Zeit für sich. Wenn er also gut ruhen kann, erfreuen Sie sich guten Gewissens daran, die Zeit für sich zu nutzen oder selbst einfach mal abzuschalten.

GEMEINSAM EINSAM

Hat Ihr Hund Schwierigkeiten, in die Entspannung zu finden, sollten Sie ihm dabei helfen und ihn unterstützen. Das gelingt durch aktives Ignorieren. Und das geht so: Sie sind mit ihm zu Hause und schenken ihm keine Beachtung. Kein Ansprechen, kein Zuwenden, kein Streicheln, kein Anschauen, denn Hunde sind meisterliche Leser der Körpersprache. Schon ein schräg liegender Kopf mit einem geflüsterten »Fein« kann den Vierbeiner aus seinem Ruhemodus herausholen. Auch ein schlechtes Gewissen können Hunde übrigens spüren. Es stachelt sie an, etwas zu fordern. Das bedeutet: Spielen Sie nicht nur Entspannung, sondern leben Sie sie auch.

Wir können Sie übrigens beruhigen: Nach vielen Jahren als Trainer und unzähligen Hundebegegnungen betonen wir gern, dass unterforderte Hunde enorm selten vorkommen. Überreizte Vierbeiner hingegen sind ein wirklich häufiges Problem. Tatsächlich neigen wir Menschen dazu, beide Phänomene zu verwechseln. Und so wird ein Hund, der nervös ist, weil die Welt ihm schon eigentlich zu viel ist, noch stärker animiert statt in die Entspannung geführt.

Natürlich brauchen Hunde Bewegung, aber keine permanente Ansprache. Also schalten auch Sie einen Gang zurück. Hängen Sie Ihren Gedanken nach, vergessen Sie für einen Moment Ihren Hund. Vielleicht tut es ja sogar Ihnen beiden gut.

HACH, IST DAS GEMÜTLICH!

Natürlich gehört zum Entspannen ein schöner Ort. Für Hunde definiert sich dieser auch über Gemütlichkeit und einen weichen Untergrund, aber vor allem durch Reizarmut. Das Körbchen sollte also nicht an der Haustür, sondern eher in einer ruhigen Ecke stehen. So fällt es dem Tier wesentlich leichter, die Welt um sich herum zu vergessen und zu relaxen.

ENTSPANNEN IST NUR EINE ÜBUNG

Kennen wir es nicht selbst? Obwohl auch uns Entschleunigung guttäte, fällt es uns oft schwer, in diesen Zustand des Loslassens hineinzukommen. Unseren Hunden geht es ebenfalls oft so. Na klar, die Welt steckt voller Abenteuer, die es zu entdecken gilt. Da aber jedes Erlebnis nur mit aufgefüllten Kraftreserven freudvoll ist, helfen wir unserem vierbeinigen Liebling durch konkrete Übungen, aktiv den Zustand der Ruhe zu erreichen und in ihm zu verweilen.

Entspannung durch Begrenzung

Noch wichtiger, als dass der Hund draußen zur Ruhe kommt, ist es, die Entspannungsübung innerhalb von Räumen zu trainieren. Denn selbst wenn wir es uns manchmal anders wünschen würden, verbringen wir – und damit auch unsere Hunde – die meiste Zeit unseres Lebens drinnen.

Egal, ob Sie eine Ruhedecke, ein Körbchen oder einen anderen gemütlichen Ort wählen – mit dieser Übung trainieren Sie Ihren Vierbeiner darauf, sich genau dort zu entspannen.

SCHRITT 1: HIER IST ES ABER ANGENEHM!

› Legen Sie die Ruhedecke neben eine Sitzgelegenheit und nehmen Sie Ihren Vierbeiner an die Trainingsleine.

› Dann führen Sie ihn unspektakulär dorthin, stellen einen Fuß auf die Leine und warten ab (1). Irgendwann – das kann einige Zeit dauern – wird Ihr Hund sich ablegen. Wichtig ist, dass Sie dieses gewünschte Verhalten nicht belohnen. Denn so erzeugen Sie eine Erwartungshaltung und eine Anspannung – und damit genau das Gegenteil von der gewünschten Entspannung.

› Ist Ihr Hund sehr nervös, können Sie ihm einen Kauartikel, etwa Rinderkopfhaut, auf die Decke legen (2). Kauen beruhigt das Tier, und so kann es leichter die Entspannung erreichen.

2

3

4

› Entscheidend ist, dass Sie Ihren Liebling dabei nicht ansprechen oder anschauen, sondern ihn vollkommen in Ruhe lassen.

› Nach einiger Zeit stehen Sie wie selbstverständlich auf, nehmen die Leine und gehen gemeinsam mit dem Hund ein Stück weg.

› Wiederholen Sie anschließend diesen Prozess mehrfach. Die erste angenehme Verknüpfung ist bereits gelungen.

SCHRITT 2: PAUSE MIT ANKÜNDIGUNG

› Nun kommt eine Belohnung ins Spiel. Legen Sie ein Leckerchen auf den Ruheort und halten Sie noch mindestens ein weiteres in Ihrer Tasche bereit. Dann nehmen Sie Ihren Vierbeiner an die Trainingsleine und führen ihn mit einem Kommando (zum Beispiel »Pause«) auf die Decke. Der Hund geht zur Decke, setzt sich hin oder legt sich ab und kann direkt noch einmal mit einem Leckerchen belohnt werden (3).

› Warten Sie einen Moment ab, schauen Sie Ihren Vierbeiner dann direkt an und lösen Sie das Kommando auf (siehe Seite 15). Bei diesem Schritt spielt es für das reine Gelingen keine Rolle, ob der Hund sich hinlegt, sich absetzt oder nur auf der Decke steht. Je mehr Entspannung er durch seine Körpersprache zeigt, desto schöner. Entscheidend ist aber, dass er dort bleibt. Falls er die Decke verlässt, korrigieren Sie ihn.

› Diesen Schritt wiederholen Sie bis zu zehn Mal. Der Hund hat jetzt verstanden, dass der Ruheort nicht ausdehnbar ist, sondern begrenzt und ihm klar zugewiesen werden kann.

› Je zielgerichteter der Hund den Weg zur Decke oder zum Körbchen nimmt und je länger und entspannter er sich dort aufhält, desto stärker können Sie die Anforderungen steigern. So können Sie beispielsweise den Abstand, von dem aus Sie ihn auf den Ruheort schicken, erhöhen (4). Oder Sie verweisen ihn von unterschiedlichen Orten aus auf seinen Platz. Wichtig ist, dass der Hund dort bleibt – und das gut und gern.

SCHRITT 3: DIE WELT AUSBLENDEN

Die Gewöhnung ist abgeschlossen, der Hund kennt und schätzt seinen Ruheort. Nun können Sie ihn testen und dabei die unterschiedlichsten Reize ins Spiel bringen.

› Führen Sie ihn mit Trainingsleine wieder auf die Decke, drehen Sie sich von ihm weg und lassen Sie am besten durch Dritte Reize auslösen. Steht Ihr Vierbeiner auf, korrigieren Sie ihn unverzüglich. Bleibt er auf seiner Decke, dürfen Sie ihn mit einem Leckerchen (aber ohne große Gesten und Worte) belohnen.

› Die Reize lassen sich variieren und steigern. Sie können selbst am Ruheort vorbeischlendern oder -laufen, Leckerchen fallen lassen und andere Hunde in unterschiedlichem Tempo vorbeilaufen lassen. Wichtig ist, dass Sie den Vierbeiner beim Weggehen sofort korrigieren und den Schritt noch einmal wiederholen. Zu sehen, wie schnell Hunde unerwünschtes Verhalten einstellen, ist einer der schönsten Trainingsmomente.

› Welche Reize wie eingesetzt werden, müssen Sie individuell entscheiden. Es sollte eine Steigerung sein. Reagiert Ihr Liebling stark auf Futter, starten Sie mit dem Ball.

› Beobachen Sie Ihren Vierbeiner während der Übungen aus dem Augenwinkel. Dann wissen Sie genau, wie leicht ihm die Entspannung fällt und wann Sie damit ins echte Leben starten können. Wer kleinschrittig trainiert und die Schritte sorgsam wiederholt, sollte den jeweiligen Ruheort (Decke, Körbchen etc.) einpacken und den nächsten Biergarten sorglos ansteuern können.

TYPGERECHTES HUNDETRAINING

Zu welchem Typ gehört Ihr Hund? Hier bekommen Sie ein paar wichtige Tipps.

Tipps für Draufgänger

Einem Draufgänger fallen Trainingseinheiten zum Thema Ruhe und Entspannung meistens recht schwer. Aber gerade er muss lernen, sich in Alltagssituationen zurückzunehmen und auch mal zur Ruhe zu finden.

Tipps für Sturköpfe

Der Sturkopf möchte am liebsten selbst entscheiden, wann und wo er zur Ruhe kommt. Hier hängt es von den jeweiligen Umständen ab, ob er gut mitmacht. Das Training fordert Mensch und Hund besonders in Sachen Frustrationstoleranz.

Tipps für Sensible

Für sensible Hunde kann gerade das Training mit einer portablen Ruhedecke zum absoluten Gamechanger werden: Diese Decke, die Sie überallhin mitnehmen können, ist ein Ort der Ruhe und Sicherheit – ein kleines und vertrautes Stück Zuhause sozusagen.

Tipps für Gemütliche

Dem Gemütlichen wird es vermutlich relativ einfach fallen, in die Entspannung zu finden. Da er selten in Stress gerät und gern liegt, werden Sie sicherlich insgesamt weniger Wiederholungen benötigen. Sein ruhiges Gemüt kommt Ihnen hier eindeutig zugute.

ÜBUNG

AKZEPTANZ

Unter diesem Begriff verstehen wir die Basis für eine aus unseren Augen angemessene Kommunikation zwischen Hund und Mensch. Es geht darum, eine gemeinsame Ebene zu finden, auf der wir uns unmissverständlich und klar ausdrücken. Und sie hat zur Irritation vieler überhaupt nichts mit Kommandos und erlerntem Verhalten zu tun.

ENDLICH KLARHEIT

Hat der Mensch bei seinem Hund einen hohen Grad an Akzeptanz, ist vieles geklärt: zum einen die gemeinsame Sprache, aber auch, wer das Sagen hat. Der Halter gilt dann nicht nur als Freund, sondern auch als Führungsperson, was für den Hund einen riesigen Mehrwert bedeutet. Denn er spürt, dass sein Mensch die Verantwortung übernimmt – ein sehr sicheres und im wahrsten Sinne des Wortes tierisch gutes Gefühl.

Der hohe Wert der Akzeptanz drückt sich aber nicht nur in der Tiefe der Beziehung aus, sie ist ein echter Alltagshelfer und hat in jedem Bereich und für jedes Gelingen ihre Finger im Spiel. Sie hilft dabei, Regeln und Grenzen festzulegen und diese auch durchzusetzen, den Hund in seiner Hemmungslosigkeit zu zügeln und auf diese Weise Eskalationen zu vermeiden.

Akzeptanz – diese klare Kommunikationsebene zwischen Hund und Mensch – erreichen wir, indem wir uns auf eine Sprache einigen. Dafür kommt aus unserer Erfahrung nur eine Sprache infrage: die des Hundes. Und so wechseln wir die Sichtweise und nehmen die spannende Perspektive unseres Vierbeiners ein.

MEHR BLICKE ALS BELLEN

Viele sind erstaunt, dass Hunde meist ohne Laute kommunizieren. Sie teilen sich über Blickkontakt, Körpersprache und Mimik mit. Beobachten wir unseren Vierbeiner im Alltag, sehen wir tatsächlich die differenziertesten Gesichtsausdrücke. Allein die Mimik erzählt Bände. Kombiniert mit der Artikulation durch den Körper, von den Ohren bis zur Rute, offenbart sich uns eine faszinierende und vor allem reiche Sprache.

Mit dieser Art der Kommunikation machen Hunde bereits in ihren ersten fünf Lebenswochen als Welpen ihre Erfahrungen mit Akzeptanz im Rudel und mit etwaigen Verhaltenskorrekturen. Sie sind also darauf eingestellt, dass wir Wege weisen und diese begrenzen – das erwarten sie von ihren Artgenossen und vor allem auch von uns Menschen.

WERDEN SIE ZUM HUNDEFLÜSTERER

Der Vierbeiner beherrscht diese Kommunikation in Perfektion – es ist seine Muttersprache. Wir hingegen müssen sie lernen. Das klingt mühsam, ist aber vor allem spannend und der Eintritt in eine wirklich faszinierende Welt. Wenn wir die Sprache kennen und sprechen wollen, müssen wir uns auch ihrer Kultur annehmen – will heißen, eine klare Führung übernehmen, Regeln setzen und Grenzen durch Korrekturen wahren. Das sollte verantwortungsbewusst, angemessen, aber auch sehr bestimmt geschehen. Für eine gute Kommunikation kommt es übrigens oft auf das richtige Timing an – Hunde erwarten unmittelbare Reaktionen, nur dann wird verstanden.

KORREKTUREN RICHTIG SETZEN

Apropos Reaktion: Die erhalten wir auch auf unsere Korrekturen. Es ist erstaunlich, wie zuverlässig und schnell Hunde ihr Verhalten ändern können. Oft reicht eine gut gesetzte Korrektur aus, damit der Hund sein Verhalten in der Wiederholung anpasst. Wir bekommen also ein direktes Feedback. Wer nun aber denkt, Korrekturen seien gleichbedeutend mit reinem Schimpfen, irrt gewaltig. Der Hund begreift die Korrektur als Rückmeldung, passt sich an und sendet wieder Signale. Hier entsteht ein echter Dialog, der das Training vereinfacht und unsere Akzeptanz und somit die Beziehung zwischen Hund und Halter stärkt.

FEEDBACK – WAS IST DAS?

Wenn ein Hund, egal ob in einer Hundegruppe oder von seinen Menschen, korrigiert wird, gibt er Feedback – und das sichtbar und deutlich. Das »schlechte Gewissen« hat wohl jeder Hundefreund schon einmal im Ausdruck seines Vierbeiners gesehen. Er wendet den Blick ab und wirkt sichtbar beschämt. Auch Blinzeln gehört zu den sogenannten Beschwichtigungssignalen, genauso wie Schlecken. Richtig körperlich ist der Meidebogen: Der Hund macht dann tatsächlich einen Bogen um den verbotenen Bereich und hält einen gebührenden Abstand. Die Botschaft hinter diesen Verhaltensweisen können wir als Entschuldigung begreifen. Und auch ein deutliches »ich verstehe und respektiere dich« wird so in Hundesprache kommuniziert.

Die einladende Körpersprache interpretiert der Hund richtig und läuft zu seinem Menschen.

MEIN KÖRPER, MEINE SIGNALE

Wenn wir verstanden haben, dass der Hund auch unsere Körpersprache liest, entsteht die große Frage, wie wir uns verhalten sollen. Entscheidend ist, gerade im Training, die Bestimmtheit. Wir müssen von Kopf bis Fuß ausdrücken, selbstsicher zu sein. Unser Verhalten ist klar und nicht interpretierbar. Wer bestimmt und führend ist, zeigt Durchsetzungskraft. Der Hund bekommt das Signal, dass wir gewillt sind, unsere Entscheidung durchzusetzen – auch gegen Widerstände. Schaffen wir es, dieses Durchsetzungsvermögen mit unserem Körper auszustrahlen, belohnt unser Hund uns mit Aufmerksamkeit, Zuneigung – und eben Akzeptanz. Er ist motiviert, uns zu folgen, denn wir sind uns sicher, für ihn und uns den richtigen Weg zu wählen.

FALSCHE GLAUBENSSÄTZE

Viele Hundehalter weichen vor dieser Herangehensweise unweigerlich zurück. Akzeptanz durch Durchsetzungsstärke, also Liebe durch Konstanz? Gerade für viele Kunden, die mit viel Freude in die Erziehung ihres vierbeinigen Freundes starten, ist das alles andere als intuitiv.

Das beschriebene dominante Verhalten kollidiert bei vielen mit falschen Glaubenssätzen, die sich durch ein entfremdetes Verhältnis zur Natur eingeschlichen haben. Hat mein Hund mich dann nicht mehr lieb? Tue ich ihm etwas Böses? Ist er dann traurig? Das sind nur einige der leisen Fragen, die uns immer wieder auf dem Hundeplatz gestellt werden. Sosehr wir die Sorge verstehen und sympathisch finden, so entschieden können wir sie zurückweisen. Im Gegenteil! Zum Glück zeigen die Hunde so schnell nicht nur Beschwichtigungssignale, sondern auch deutliche Bewunderung für die Stärke ihres menschlichen Freundes. Endlich jemand, der ihre Sprache spricht! Seien Sie also mutig und werfen Sie alte und falsche Glaubenssätze über Bord, um durch klare Führung die Akzeptanz Ihres Vierbeiners und somit auch seine aufrichtige Liebe zu erhalten. Das gute Gefühl, nun artgerecht zu erziehen, besiegt schließlich das letzte schlechte Gewissen.

DAS AKZEPTANZKONTO

Um die Akzeptanz, die unser Vierbeiner uns gegenüber aufbringt, zu visualisieren, stellen wir uns ein Konto oder eine Spardose vor. Immer wenn der Hund Akzeptanz zeigt, zahlen wir auf dieses Akzeptanzkonto ein. Je voller es wird, desto ausgeglichener ist die Beziehung. Konflikte werden zur Seltenheit, und unser vierbeiniger Freund folgt uns – liebend gern.

Jede erfolgreiche Korrektur mit eingegangenem Feedback führt zu einem Punkt auf diesem

Konto. Korrigieren wir und bekommen kein entsprechendes Feedback, wird ein Punkt wieder abgezogen – der Hund hat gerade im wahrsten Sinne des Wortes unsere Entscheidung und Führung nicht akzeptiert, sondern infrage gestellt.

ÜBUNGSSCHRITT: AUFBAU DER AKZEPTANZ

Um Ihr Akzeptanzkonto aufzufüllen, müssen Sie also Ihren Hund korrigieren. Das funktioniert ganz wunderbar, indem Sie spannende Gegenstände – vielleicht das Lieblingsspielzeug Ihres Hundes – oder gar Futter für sich beanspruchen. Es gibt kaum eine Situation, in der Sie unmissverständlicher klarmachen können, dass Sie das Sagen haben. Ein weiterer Vorteil dieser Übung liegt darin, dass sie überall und vor allem im Alltag zu Hause wunderbar funktioniert und relativ unkompliziert durchgeführt werden kann.

› Wählen Sie einen Gegenstand aus, den Sie in dieser Übung für sich beanspruchen möchten – beispielsweise einen stark riechenden Kauknochen. Legen Sie ihn nicht auf die Arbeitsplatte in der Küche oder den Esstisch, sondern auf den Boden – unmittelbar vor die Augen und die Nase Ihres Vierbeiners (1).

› Während Ihr vierbeiniger Liebling nun den Gegenstand begutachtet, machen Sie Ihr Störgeräusch (siehe Seite 106). Bringen Sie dabei Ihren gesamten Körper zum Einsatz, indem Sie ganz bestimmt auf Ihren Hund zugehen und Ihre Körpermitte auf ihn richten (2). Der Vierbeiner sollte zurückweichen und sehr deutliche Meide- und Beschwichtigungssignale zeigen (3) – und somit auf Ihr Akzeptanzkonto einzahlen.

GUT ZU WISSEN: DAS STÖRGERÄUSCH

Störgeräusch meint einen Ausruf oder ein Geräusch, das den Hund in einer Handlung unterbrechen soll und ihm mitteilt, dass ein Verhalten unerwünscht ist. Wir nutzen es dazu, unsere negative Stimmung zu vermitteln, und kündigen damit auch den Einsatz unserer Körpersprache an. Reagiert der Hund unmittelbar nach dem Störgeräusch mit dem sogenannten Feedback – also mit Beschwichtigung – und unterlässt er in der Folge auch das unerwünschte Verhalten, kann er damit den Einsatz unserer körpersprachlichen Korrektur verhindern.

Immer andere Störgeräusche

Das Störgeräusch ist für uns kein Kommando im klassischen Sinne, das für den Hund immer gleich klingen sollte, es ist vielmehr ein Übermitteln unseres Missfallens – und das kann durchaus unterschiedlich ausfallen: Bei einem kleineren Vergehen genügt meist ein »eh-eh« oder ein Zischlaut. Bei größerer Distanz zum Hund oder einem großen Fehltritt kann es auch mal ein laut ausgerufenes »Ey« oder »Na« sein.

› Wiederholen Sie die Übung, indem Sie Ihren Hund mehrmals an dem von ihm heiß begehrten Gegenstand vorbeiführen. Der Vierbeiner sollte ihn meiden und sich abwenden (4) – sonst wird er korrigiert. Der Hund verankert im Verlauf dieser Übung, wer die Entscheidungshoheit hat – nämlich Sie –, und Sie bekommen viele Akzeptanzpunkte gutgeschrieben.

ENDE GUT, ALLES GUT

Aufatmen bei allen, die noch gegen die alten Glaubenssätze kämpfen. Natürlich untersagt die Akzeptanz keine schönen, zugewandten Momente, auch nicht bei dieser Übung. Denn nach der Korrektur, also der Anspannung, folgt die Entspannung. Nun können Sie eine versöhnende Geste machen und Ihren vierbeinigen Liebling über Ihre Körpersprache zu sich einladen (5). Das tun Sie, indem Sie in die Hocke gehen und Ihre Arme ausbreiten. Sobald Ihr Hund bei Ihnen ist, dürfen Sie ihn streicheln, herzlich kraulen und ihm auch mal ein Leckerchen geben.

WENN'S MAL NICHT KLAPPT

Zeigt Ihr Hund nicht das gewünschte Feedback und geht immer wieder an das verbotene Objekt, überprüfen Sie Ihre Körpersprache. Lassen Sie sich bei der Übung ruhig einmal filmen: Haben Sie eine gute Körperspannung? Sagt Ihr ganzer Körper klar und deutlich »Nein«?

Sollten Sie Ihrer Körpersprache einen stärkeren Ausdruck verleihen müssen, damit Ihr Hund Sie versteht, versuchen Sie es – zusätzlich zum Störgeräusch – mit einem lauten Klatschen auf den Oberschenkel. Oder stupsen Sie Ihren Hund mit spitzen Fingern an der Schulter an.

TYPGERECHTES HUNDETRAINING

Zu welchem Typ gehört Ihr Hund? Hier bekommen Sie ein paar wichtige Tipps.

Tipps für Draufgänger

Je nach Reizlage braucht der Draufgänger eine deutlichere Ansprache. Seien Sie darauf gefasst, dass er Hals über Kopf in die Situation stürzt, und sichern Sie sich daher besser zusätzlich durch eine Leine am Hund ab.

Tipps für Sturköpfe

Beim Sturkopf sollten Sie zu jeder Zeit darauf achten, ein deutliches Feedback von ihm zu bekommen. Eine Korrektur ist immer ein Dialog. Dieser Typus Hund neigt jedoch dazu, sich einfach ohne Feedback der Kommunikation zu entziehen.

Tipps für Sensible

Korrigieren Sie Ihren Hund behutsam. Achten Sie darauf, ihn nach jeder Korrektur wieder zu sich einzuladen und positiv aus der Situation abzuholen. Ein versöhnlicher Abschluss ist für diesen Typ Hund besonders wichtig.

Tipps für Gemütliche

Auch der Gemütliche kann je nach Reiz einmal in Wallung geraten. Wenn das Objekt der Begierde ihn in Schwung bringt, kann es sein, dass man ihn sehr deutlich korrigieren muss. Laden Sie den Gemütlichen besondern beherzt zu sich ein, sonst bleibt er vielleicht einfach sitzen.

ÜBUNG

RÄUMLICHES BEGRENZEN

Wir können nicht nur Gegenstände, sondern auch ganze Räume für uns beanspruchen und den Hund verweisen. Dies funktioniert ebenfalls allein über Korrektur und Körpersprache. In dem Moment, wo wir ihm Aufenthaltsorte zuweisen, übernehmen wir Kontrolle und Verantwortung für seine Lage.

SICHERHEIT FÜR DEN HUND

Spannend dabei zu erkennen ist, dass unser Vierbeiner sich dadurch nicht gemaßregelt und eingeschränkt fühlt, wie man vielleicht glauben könnte. Vielmehr erfährt er Sicherheit und entspannt sich sichtbar. Diese räumlichen Grenzen können statisch, beweglich, situativ oder permanent gelten. Und dabei werden wieder ordentlich Punkte für das Akzeptanzkonto gesammelt. Also, wer sauber übt und sich um ein bestimmtes Auftreten bemüht, erntet Anerkennung – für uns Hundebesitzer die größte Belohnung.

SCHRITT 1: STATISCHES BEGRENZEN

› Nehmen Sie den Hund an die Trainingsleine und legen Sie einen Raum fest, in dem er für die Übung bleiben soll. Seine Decke oder sein Körbchen bieten sich an, damit auch Sie die Raumgrenze klar vor Augen haben. Führen Sie ihn kommentarlos an diesen Ort – ohne ihn selbst zu betreten (1). Sind alle vier Pfoten auf der Decke oder im Körbchen, stellen Sie sich seitlich hin, wenden den Blick ab und entspannen sich.

› Nun beobachten Sie den Hund aus dem Augenwinkel. Bleibt er an dem Ort? Wahrscheinlich nicht. Seien Sie also auf der Hut! Sobald eine Pfote den zugewiesenen Bereich verlässt, drehen Sie sich dynamisch mit der Körpermitte leicht vorgebeugt zu ihm hin und korrigieren ihn bestimmt mit Ihrem erprobten Signal, etwa »Hey« (2).

Interessant ist, dass sich diese Übung am meisten um Sie selbst dreht, denn es geht hier um Ihre Sprache und Haltung, Ihre Bestimmtheit und Ihre körpersprachlichen Signale.

› Haben Sie sich durchsetzungsstark verhalten, wird der Hund Ihnen Feedback senden. Er zeigt

Beschwichtigungssignale und kommuniziert auf diese Weise: »Okay, ich habe verstanden.«

› Erst wenn Sie diese eindeutige Rückmeldung erhalten haben, führen Sie Ihren Vierbeiner völlig entspannt und unaufgeregt zurück auf die Fläche und wiederholen die Übung.

› Bleibt der Hund dieses Mal an Ort und Stelle, können Sie ihn belohnen (3). Verlässt er den zugewiesenen Platz, müssen Sie sofort erneut korrigieren, aber dieses Mal etwas intensiver.

Wichtig: Sie müssen die Situation nach der Trainingseinheit unbedingt auflösen. Entfernen Sie sich ein paar Schritte von der Decke, drehen Sie sich frontal zu Ihrem Hund hin und gehen Sie einladend in die Hocke (4). Nun hat sich Ihr Liebling eine schöne Streicheleinheit verdient (5).

SCHRITT 2: BEGRENZEN MIT ABLENKUNG

Im zweiten Schritt proben Sie, bei der Begrenzung den Abstand zwischen sich und Ihrem Vierbeiner zu erweitern, die Dauer der Begrenzung zu verlängern und vor allem eine Begrenzung unter Ablenkung durchzusetzen.

› Lassen Sie Ihren Hund immer länger an der ausgewählten Stelle und fordern Sie ihn mit Reizen heraus. Spazieren Sie herum (6), werfen Sie einen Ball (7), verlassen Sie das Zimmer – auch die ganze Familie kann weggehen. Stellen Sie den Hund auf die Probe. Verlässt er seinen Platz, korrigieren Sie ihn: mit zu ihm eingedrehtem Körper, aber vor allem mit Ruhe und selbstbewusster, bestimmter Körperhaltung. Je mehr Konsequenz und Klarheit Sie ausstrahlen, desto mehr wird er Ihre Forderung akzeptieren.

› Steigern Sie kleinschrittig, dann erfahren Sie und Ihr Hund schöne Erfolgsmomente. Wenn Sie üben, ist Ruhe für den Erfolg entscheidend.

Gehen Sie das Thema also völlig unaufgeregt an. Dann funktioniert die auf den ersten Blick streng anmutende Übung als wunderbares Entspannungstraining für Vier- und Zweibeiner.

SCHRITT 3: BEGRENZEN IN BEWEGUNG

Klappt das Begrenzen zu Hause schon ganz zuverlässig, geht es nun hinaus in die Welt voller Geräusche, Gerüche und Ablenkungen. Dort können Sie die Begrenzung auf einem beliebigen Weg üben. Am einfachsten ist es zu Beginn jedoch, dies in einer Art Gasse statt auf dem freien Feld zu trainieren. Die seitlichen Begrenzungen, zum Beispiel durch eine Hecke, eine Mauer oder auch einen Zaun, helfen Ihnen dabei, dass Ihr vierbeiniger Liebling nicht plötzlich seitlich ausbricht und Sie überholt.

› Zunächst soll Ihr Hund an der Trainingsleine für eine gewisse Zeit hinter Ihnen laufen. Die Grenze, die Sie gezogen haben und die vorher starr war, bewegt sich nun mit Ihnen mit. Hinter Ihnen darf Ihr Vierbeiner zwar schnuppern oder auch mal die Seite wechseln. Er darf Sie allerdings nicht überholen.

› In der Praxis ist es oft so, dass der Hund Ihnen ruhig folgen wird, wenn Sie gut kommuniziert haben. Führen Sie Ihren vierbeinigen Freund dazu an der Leine und halten Sie diese ganz am Ende. Läuft er vor und schickt sich an, Sie zu überholen, drehen Sie sich zu ihm ein und korrigieren Sie ihn in der bereits erwähnten strengen Haltung.

› Dann drehen Sie sich wieder aus und bleiben kurz stehen. Tut Ihr Vierbeiner Ihnen das gleich, gehen Sie weiter.

› Sollte er trotz Ihrer vorherigen Korrektur erneut an Ihnen vorbeilaufen wollen, korrigieren Sie ihn erneut, um die Grenze deutlich zu machen. Nehmen Sie sich dafür ausreichend Zeit. Es geht bei dieser Übung nicht darum, eine möglichst weite Strecke zu laufen, sondern vielmehr darum, dem Hund sehr deutlich Ihre souveräne Führung zu vermitteln.

6

7

SCHRITT 4: AKZEPTANZ AUF ABSTAND

Wollen Sie prüfen, wie reich Ihr Akzeptanzkonto gefüllt ist, dann fordern Sie Akzeptanz auf Abstand ein. Haben Sie genug Punkte auf Ihr Konto eingezahlt, können Sie Ihrem Vierbeiner auch über eine größere Distanz vermitteln, dass Sie etwas nicht möchten. Ihre Autorität strahlt dann aus – auch wenn Sie sich weiter entfernt von ihm befinden. Das Störgeräusch (siehe Seite 106) allein reicht aus, um ein Feedback zu bekommen.

Wir bezeichnen die Übung auf diesem Level gern als Königsklasse: Wem solche Einforderung von Akzeptanz gelingt, hat sehr gute Vorarbeit geleistet und kann sicher sein, dass sein Hund sich hundertprozentig auf ihn verlässt.

› Legen Sie eine potenzielle Beute aus – etwa ein gut riechendes Stück Futter. Platzieren Sie es so, dass Ihr Liebling nicht direkt herankommt, um es zu fressen. Hierfür haben sich alte Marmeladengläser mit Löchern im Deckel bewährt. Sie sichern sich also ab, sodass Ihr Vierbeiner im Zweifelsfall keinen Erfolg mit dem unerwünschten Verhalten (dem Fressen der Beute) hat.

› Nähert sich Ihr Hund der Beute, erfolgt Ihre Korrektur auf Abstand über Ihr Störgeräusch. Reagiert er mit dem gewünschten Meide- und Demutsverhalten, loben Sie ihn verbal. Er wird sich vermutlich in Ihre Richtung in Bewegung setzen.

› Bestärken Sie ihn darin stimmlich. Nach dieser Leistung hat sich Ihr Liebling – gerade beim ersten Mal – eine große Belohnung verdient.

› Tut er dies nicht, gehen Sie ruhig und bestimmt auf ihn zu und setzen Ihre Korrektur dann im Nahbereich durch.

› Sollte Ihr Hund das erwünschte Meide- und Demutsverhalten zeigen, während Sie in seine Richtung laufen, entspannen Sie sich, loben Sie ihn verbal und laden Sie ihn körpersprachlich zu sich ein, indem Sie zum Beispiel in die Hocke gehen und ihn, wenn er bei Ihnen ist, belohnen.

AKZEPTANZ ODER ERLERNTES VERHALTEN?

Der Unterschied zwischen Akzeptanz und erlerntem Verhalten scheint nur auf den ersten Blick schwierig, denn es sind zwei völlig unterschiedliche Sprachen. Bei erlerntem Verhalten versteht der Hund die Menschensprache. Sie besteht aus Wort- und Sichtsignalen, den sogenannten Kommandos. Der Vierbeiner hat die Signale durch Erfolg, also Belohnung, und Misserfolg erlernt. So kann er unsere menschliche Sprache verstehen und tun, was wir von ihm verlangen.

Erlerntes Verhalten fordern wir oft im Alltag ein, indem wir dem Hund Sitz, Platz, Fuß oder das Warten vor dem Futternapf ansagen (8). Akzeptanz hingegen ist die Sprache des Hundes und geht deshalb in ihrem Einfluss auf das Verhalten viel tiefer. Sie löst den intrinsischen, nicht durch Futter motivierten Wunsch aus, uns zu folgen.

DER UMGANG MITEINANDER

Wer Akzeptanz erfährt, hat ein Machtgefälle geschaffen, das der Hund liebt, das aber auch mit einer großen Verantwortung einhergeht. Ein echter Tierfreund wahrt in der Akzeptanz ein respektvolles Miteinander. Das heißt, dass Regeln eingehalten werden, aber auch viel Nähe zugelassen wird. Der Hund fragt aktiv bei uns nach. Und wenn wir korrigieren, ist ein versöhnendes Begegnen auf beiden Seiten direkt im Anschluss möglich und vor allem herzlich willkommen (9).

Für unseren Alltag zu Hause bedeutet das, dass der Hund sich wunderbar eingliedert, auch mal für sich ist und keine permanente Aufmerksamkeit braucht. Und dass wir gern miteinander spielen und kuscheln, uns also wahrhaftig zugeneigt sind.

TIPPS FÜR HUNDEHALTER

Tipps für Manager: Erwarten Sie nicht zu schnell zu viel. Es läuft gut und Ihr Hund hält kleine Reize aus? Super! Belassen Sie es auch mal dabei, bevor Sie die Ablenkungen weiter steigern.

Tipps für Chaoten: Überlegen Sie vorher, ob Sie gewillt und gewappnet sind, diesen Konflikt einzugehen. Ist Ihr Akzeptanzkonto ausreichend gefüllt für eine schwierige Situation? Erwarten Sie bitte nicht spontan zu viel von Ihrem Hund, das könnte ihn überfordern!

Tipps für Empathen: Trauen Sie sich in den Konflikt! Sie sollten sich hier unbedingt behaupten. Auch wenn es gerade nicht so scheint, diese kleinen Konflikte haben eine besonders positive Auswirkung auf die Beziehung zu Ihrem Hund.

Tipps für Strukturierte: Denken Sie nicht allzu viel nach und vertrauen Sie auch mal Ihrem Bauchgefühl. Ob eine Korrektur gerade angebracht ist oder nicht, entscheidet meist Ihr erster Impuls – trauen Sie sich, diesem zu folgen!

WENN'S MAL NICHT KLAPPT

Achten Sie beim Begrenzen besonders auf Ihre innere Haltung. Wirken Sie selbstsicher und klar, wird Ihr Hund weniger häufig nfrage stellen, wie stabil die vorgegebene Grenze ist. Versuchen Sie, Ihren vierbeinigen Liebling nicht permanent direkt anzuschauen. Beobachten Sie ihn aus dem Augenwinkel und machen Sie »Ihr Ding«. Wenn ein Fehler passiert, neigen wir Menschen dazu, möglichst schnell die so gewünschte Ordnung wiederherzustellen, und vergessen dabei leider häufig, dass die Kommunikation mit unserem Hund ein Dialog ist. Wir kommunizieren also unserem Hund unser Missfallen und dürfen darauf auch eine entsprechende Antwort – oder vielmehr eine Entschuldigung – unseres Vierbeiners erwarten. Wir kommunizieren auf Hundesprache, und unser Hund antwortet mit seinem Feedback – dem Demutsverhalten und entsprechender Verhaltensanpassung. Er wird vermeiden, den Fehler erneut zu machen. Stellen Sie also sicher, dass Sie mit Ihrem Hund im Gespräch bleiben. Die Trainingsleine hilft Ihnen dabei, Ihre Interessen durchzusetzen.

ÜBUNG

NACHFRAGEN

Nachfragen? Bei diesem Thema staunen viele Hundebesitzer auf dem Trainingsplatz. Sind unsere Vierbeiner wirklich dazu in der Lage? Aber ja, und wie sie das sind! Noch dazu in den unterschiedlichsten Situationen.

ENTSPANNT DEN ALLTAG MEISTERN

Im Kapitel »Hausregeln« (siehe ab Seite 79) haben wir bereits über Schubladen gesprochen, nach denen wir unterschiedliche Verhaltensmuster kategorisieren. Jetzt blicken wir einmal ganz tief in diese Schublade: Es ist immer verboten, es sei denn, wir erlauben es.

Wir finden Hunde, die gelernt haben nachzufragen, übrigens extrem cool. Zum einen, weil wir jede Kommunikation zwischen Vierbeiner und Mensch genießen. Zum anderen, weil wir damit noch entspannter durch den Alltag kommen und unser Leben mit dem Hund je nach Situation und Lage flexibel gestalten können.

Tatsächlich gibt es eine große Vielzahl an Situationen, die mal völlig unproblematisch und mal schwierig bis gefährlich sein können. Wenn unser vierbeiniger Liebling allerdings mit uns Rücksprache hält, können wir gerade in die schwierigeren Situationen ganz entspannt hineingehen und sie als gut funktionierendes Team problemlos meistern.

Lassen Sie uns also durch den Alltag spazieren und das Nachfragen in unterschiedlichen Situationen trainieren.

VORBEREITENDE ÜBUNG: DER BLICKKONTAKT

Damit das Nachfragen klappt, gibt es eine Grundvoraussetzung: Der Hund und Sie als sein Besitzer beherrschen eine Kommunikation, in der das Fragen und Antworten funktioniert. Genau dafür ist Blickkontakt unerlässlich. Sie müssen also zunächst Ihrem Vierbeiner beibringen: Ihnen in die Augen zu schauen und somit um Hilfe und Rückmeldung zu bitten, lohnt sich für ihn.

SCHRITT 1: SCHAU MICH AN

› Sie starten zu Hause und haben in jeder Hand Leckerchen. Der Hund sitzt oder steht vor Ihnen. Halten Sie zunächst die Hände mit den Leckerchen vor die Hundenase und ziehen Sie sie anschließend weit auseinander. Die Arme sind seitlich ausgestreckt (1). Der Hund schaut in der Regel etwas irritiert abwechselnd von links nach rechts. Irgendwann passiert der entscheidende Moment: Ihr Vierbeiner blickt Ihnen direkt in die Augen (2). Anfangs kann dies nur ein sehr flüchtiger Moment sein, den Sie zunächst mit einem verbalen Lob oder Ihrem Markersignal (siehe Seite 116) bestätigen und gleich danach mit dem Leckerchen aus einer Ihrer Hände belohnen (3).

› Das Ganze wiederholen Sie so lange, bis der Hund nicht mehr zu den Händen, sondern direkt in Ihre Augen schaut. Sie werden merken, dass Ihr Vierbeiner immer schneller den Blick in Ihre Augen sucht. Der Blickkontakt wird also für den Hund der Schlüssel zum Erfolg.

WENN'S MAL NICHT KLAPPT

Sucht Ihr Hund nicht von allein den Blickkontakt zu Ihnen, lenken Sie seine Aufmerksamkeit durch ein Geräusch – etwa Schnalzen mit der Zunge – auf sich. Wichtig ist, das Geräusch reduziert einzusetzen und bald auszuschleichen, denn es geht um wortlose Kommunikation und nicht um die Vermittlung eines akustischen Signals. Der Hund soll lernen, von sich aus nachzufragen und über den Blick in Ihre Augen Rücksprache mit Ihnen zu halten.

GUT ZU WISSEN

Das Markersignal ist ein akustisches Signal oder Kommando, das dem Hund ein unmittelbares Feedback gibt. Und zwar: Alles richtig gemacht! Es erleichtert die Kommunikation zwischen Hund und Mensch enorm – sowohl im Alltag als auch im Training. Egal, wo sich der Hund befindet, können Sie ihm damit kurz und knapp eine Rückmeldung geben. Ein gut funktionierendes Markersignal hilft, komplexere Verhaltensweisen aufzubauen, es macht den Hund steuerbarer und motivierter, und obendrein tut es der Kommunikation schlichtweg gut.

Das Signal kann ein Wort oder ein Geräusch sein. Es gibt extra dafür hergestellte Clicker, die wie ein Knallfrosch klingen und sich gut zum Konditionieren des Hundes eignen. Wir präferieren allerdings ein verbales Markersignal, denn wozu sich an einen kleinen Kasten binden, an den man denken und ihn dann auch in der Hand halten muss, wenn ein kurzes gesprochenes »Ja«, »Top« oder »Klick« genauso effektiv ist?

Die Konditionierung des Markersignals ist simpel: Zunächst bekommt der Hund immer unmittelbar nach dem gesprochenen Wort oder Geräusch ein tolles Leckerchen. Eine Trainingseinheit umfasst 10 bis 20 Wiederholungen. Trainieren Sie mit Ihrem Hund so lange, bis er das Wort oder das Clickergeräusch als durchweg positiv abgespeichert und verknüpft hat. Das geht oft überraschend schnell. Planen Sie dafür zwei bis drei Tage mit je drei bis vier Einheiten ein.

Wir verweisen an verschiedenen Stellen in unserem Buch immer wieder auf den Marker. Dieses Signal gehört für uns zu den Basics und sollte möglichst früh in das Training und den Alltag mit Hund integriert werden. Wichtig zu beachten: Anders als das verbale Loben oder Bestätigen ist das Signal **immer** ein Versprechen auf Futter!

SCHRITT 2: AUGEN ZU MIR!

› Bringen Sie ein bisschen Abstand in die Sache. Nicht zwischen sich und den Hund, sondern zwischen den verführerisch riechenden Futterhänden und Ihrem Gesicht. Dafür halten Sie die mit Leckerchen beladene Faust direkt vor die Hundenase. Ihr Vierbeiner wird vielleicht einiges ausprobieren, um Ihre Faust zu öffnen: Lecken, knabbern, das Pfötchen drauflegen – die Fäuste bleiben zu. Nur wenn der Hund den Blickkontakt sucht, bekommt er zuerst eine verbale und dann seine kulinarische Belohnung.

Wie oft wiederholen? Diese Übung ist so einfach, dass sie sich ohne großen Aufwand häufig wiederholen lässt. Je mehr Sie mit Ihrem vierbeinigen Liebling üben, desto mehr verankert sich: Schau mir in die Augen – das ist eine durchaus lohnende Angelegenheit.

Die Voraussetzungen sind geschaffen. Nun begeben wir uns in das richtige Nachfragetraining, also direkt in den Alltag. Das ist das Angenehme am Nachfragen, das Üben findet mitten im Leben statt. Und auch die Trainingserfolge bringen Alltagsfreude mit sich.

SITUATION #1: WANN GIBT'S DENN ENDLICH FRESSEN?

Sie starten in der Küche oder an dem Ort, an dem Sie Ihren Hund normalerweise füttern. Hier wird der Sinn dieses Kapitels stark spürbar. Das Warten vor dem Futternapf kennen viele Hundebesitzer, und für die meisten gehört es »zum guten Ton«, dass der Vierbeiner die Futterschüssel dem Menschen nicht schon voller Gier aus der Hand reißt und den Kopf in sie hineinsteckt. Wir sind große Freunde von respektvollem und höflichem Miteinander, denn auch wir Menschen stürzen uns in der Regel nicht unmittelbar auf das servierte Essen, sondern warten, bis alle am Tisch sitzen, und wünschen uns dann einen »Guten Appetit«. Das kann auch der Hund lernen. Natürlich wünscht er uns keinen »Guten Appetit«, sein Verhalten kann dennoch Ähnliches ausdrücken.

SCHRITT 1: WARTE!

› Sie befüllen den Napf mit Futter und senken ihn (4). Möchte der Hund direkt seine Schnauze hineinstecken, ziehen Sie ihn unmittelbar wieder hoch. Kurz darauf senken Sie ihn erneut ab. Diese Vorgehensweise wiederholen Sie so lange, bis der Hund begreift, dass ihn der direkte Weg, also den Kopf in die Schüssel zu stecken, in keinem Fall zum Erfolg führt – und er den ersehnten Blickkontakt zu Ihnen sucht.

› Dieses Verhalten belohnen Sie sofort mit verbalem Lob und der Futtergabe (5).

SCHRITT 2:

Wenn Sie den ersten Schritt wiederholt und im besten Fall in den Alltag integriert haben, können Sie die Botschaft hinter der Übung noch unmittelbarer erlebbar für Ihren Hund gestalten:

6

7

indem Sie mehrere Näpfe ins Spiel bringen. Um diese Übung zu managen, brauchen Sie die Trainingsleine, denn Ihr vierbeiniger Liebling darf in keinem Fall ohne Nachfragen zum Erfolg – sprich zum Futternapf – gelangen.

› Befüllen Sie alle Näpfe jeweils mit einer geringen Menge an Futter und stellen Sie sie hintereinander auf. Dann laufen Sie die Reihe mit Ihrem Hund an der Trainingsleine ab. Lassen Sie ihn vor jedem Napf durch Blickkontakt zu Ihnen nachfragen, ob er ans Futter darf. Erst dann geben Sie das Futter frei.

› Möchte sich Ihr Vierbeiner ohne Nachfrage auf den Napf stürzen, hindern Sie ihn daran über die Leine (6).

› Klappt das Nachfragen, bauen Sie nach und nach Verneinungen ein (7). Immerhin ist es eine wichtige Lektion dieser ganzen Übung, dass der Hund immer nachfragt, aber nicht in jedem Fall eine Zustimmung erfährt.

› Sie gehen mit dem Hund an der Leine wiederum die Näpfe ab. Mal erlauben Sie es ihm, das Futter zu fressen (8), ein anderes Mal bestätigen Sie das Nachfragen mit einem verbalen Lob oder einer Futterbelohnung aus der Hand, gehen dann aber weiter. Auf diese Weise gestatten Sie Ihrem Vierbeiner also nicht, das Futter aus dem Napf zu nehmen. Verhalten Sie sich dabei möglichst undurchsichtig.

› Mit fortgeschrittenem Training fällt dann auch die zusätzliche Futterbelohnung beim Verneinen weg. Ihr Hund muss lernen, beide möglichen Ausgänge mit seiner Frustrationstoleranz (siehe Seite 25) zu vereinbaren.

DAS ZIEL IST DER ALLTAG

Wenn Ihr Vierbeiner gelernt hat, bei Essbarem nachzufragen, gestaltet sich das Zusammenleben deutlich entspannter. Hunde lernen schnell, dass die Küche der »place to be« ist, denn hier gibt es Heißbegehrtes, das öfter unbeabsichtigt auf dem Boden oder in Höhe der Hundenase landet. Fällt Ihnen etwas hinunter, sollte der Hund ebenso nachfragen, ob er zugreifen darf (9). Ist das Lebensmittel für Sie verzichtbar, geben Sie es frei. Möchten Sie es abwaschen und wiederverwenden oder ist es gar für Hunde giftig, erlauben Sie den Zugriff nicht. Diese Situation lässt sich übrigens auf zahlreiche andere Bereiche übertragen, sei es im Esszimmer, Restaurant, Biergarten oder sonst irgendwo.

Natürlich hat man im Alltag nicht permanent eine Leine am Hund, aber auch solche Situationen lassen sich zu Beginn wunderbar geplant und inszeniert trainieren, um mit wachsendem Trainingsfortschritt im Alltag anzukommen.

SITUATION #2: TÜREN ALS NATÜRLICHE GRENZEN

Wohnungstür, Haustür, Gartentor, Autotür – hinter jeder Schwelle verbirgt sich eine andere Situation. Wir lieben Hunde, die deshalb erst nachfragen, bevor sie über eine Schwelle treten. Denn das ist ein großes Sicherheitsversprechen und verhindert kleinere und größere Schockmomente vor der eigenen Haustür, im Verkehr und auf Parkplätzen.

SCHRITT 1: ÜBUNG ZU HAUSE

› Sie beginnen mit dem Training zu Hause an der Wohnungstür und sichern den Hund auch bei dieser Übung zunächst über die Trainingsleine ab. Machen Sie sich so gerüstet bereit, um die Wohnung zu verlassen. Der Hund erkennt die Absicht und möchte wahrscheinlich oft schon vor Ihnen die Schwelle übertreten. Halten Sie ihn durch die Leine ab und begrenzen Sie ihn anschließend körpersprachlich.

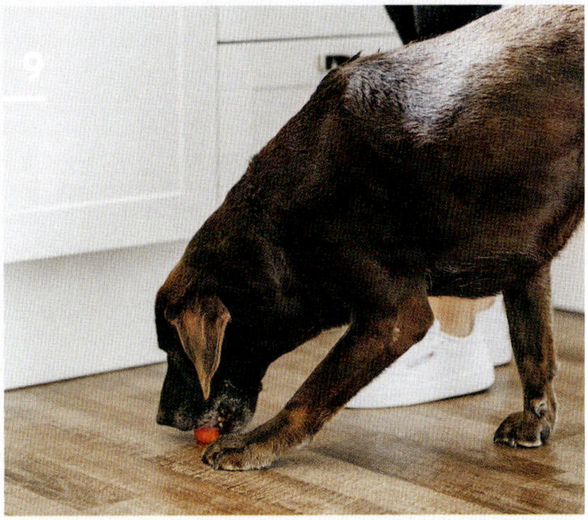
9

10

11

› Kurz darauf beginnen Sie die Übung von vorn. Dieses Mal gehen allerdings Sie zuerst durch die Tür. Möchte der Hund Ihnen wieder einfach so folgen, hindern Sie ihn erneut über das körpersprachliche Begrenzen und korrigieren damit sein Verhalten. Wiederholen Sie diesen Schritt, bis der Hund nachfragt (10). Dann loben Sie ihn verbal und erlauben ihm, Ihnen zu folgen (11). Hierbei handelt es sich übrigens um das Begrenzen, das wir in einem eigenen Kapitel ausführlich beschreiben (siehe ab Seite 108).

Dieser erste Schritt findet im alltäglichen Umgang mit dem Hund statt und kann nur langfristig Erfolg bringen, wenn Sie das Nachfragen konsequent und konstant in den Alltag integrieren. Den Vierbeiner mal losstürmen zu lassen und mal von ihm ein Nachfragen zu erwarten, funktioniert nicht und ist ihm gegenüber auch nicht fair.

SCHRITT 2: ÜBUNG IM AUTO

› Wechseln Sie die Situation und gehen Sie ins Auto. Wird der Hund nicht in einer Box transportiert, sollten Sie sich Managementmaßnahmen überlegen, die das spontane Hinausspringen aus dem Auto unbedingt verhindern. Das kann durch eine zweite Person sein, die den Hund an der Leine im Auto hält, oder Sie befestigen eine Leine an einer Kopfstütze. Die Situation ist umständlicher, der Ablauf aber ähnlich.

› Öffnen Sie die Auto- oder Kofferraumtür. Sollte Ihr Vierbeiner nun unverzüglich lospreschen, so verhindern Sie dies, indem Sie ihn körperlich blockieren und über Ihr Störgeräusch (siehe Seite 106) Ihr Missfallen ausdrücken. Fragt Ihr Liebling dagegen zunächst nach, loben Sie ihn ausführlich. Hier müssen Sie nicht unbedingt mit Futter arbeiten, denn auch das verbale

UNSER TIPP

In dieser speziellen Situation mit dem Passieren von Türen – wie auch übrigens in jeder anderen Situation – halten wir es für wichtig, wenn der Hund lernen darf, dass nicht jedes Nachfragen automatisch mit einem »Ja« beantwortet werden kann. Denn so gern wir es täten, nicht jedes Mal ist eine Erlaubnis sinnvoll. Wäre dem so, wäre dieses Kapitel sogar überflüssig. Die Kunst ist es, dem Vierbeiner das Nachfragen beizubringen, ihn zu korrigieren, wenn er es nicht zeigt, und ihn aushalten zu lassen, wenn auf ein Nachfragen keine Erlaubnis erfolgt.

Lob, die Freigabe (12) und der Spaziergang, der oft anschließend folgt, kann schon als ausreichende Belohnung für den kurzen Moment des Wartens funktionieren.

SITUATION #3: BEGEGNUNG MIT MENSCHEN UND HUNDEN

Das Schwierigste kommt natürlich am Schluss: Eine Begegnung mit freundlichen Menschen oder anderen Hunden ist die Kür des Nachfragens, denn Ihr Vierbeiner muss lernen, sich hier wider seinen ersten eigenen Impuls zu verhalten. Leinen Sie ihn also unbedingt an der Trainings- oder Schleppleine an und bewaffnen Sie sich mit einer wirklich schmackhaften Belohnung. Je schwieriger die Situation für den Hund ist, desto hochwertiger sollte die Belohnung sein, wenn Ihr Liebling die Hürde erfolgreich meistert.

Wir empfehlen Ihnen, diese Situationen zunächst inszeniert zu trainieren, denn der Teufel steckt hier im Detail. So können Sie die gestellten Begegnungen mit Hund und Mensch schon vorab mit dem Trainingspartner absprechen und ihn anweisen, wie er sich zu verhalten hat. Auf diese Weise stellen Sie sicher, dass der andere Hund nicht einfach unerlaubt Ihr Training stört. Kontraproduktiv wäre es nämlich, wenn Sie im Alltag trainieren und Ihr Hund selbstbestimmt – also ohne Nachfragen und Ihre Freigabe – zum Hunde- oder Menschenkumpel gelangt.

Scheuen Sie sich also nicht, Freunde, Bekannte und Hundekumpel zu einer gemeinsamen Trainingseinheit einzuladen.

SCHRITT 1: BEGEGNUNG MIT MENSCHEN

› Sie sind mit Ihrem Hund draußen unterwegs, und die zum Training eingeladene Person tritt hinzu. Sie begrüßt Sie schon von Weitem laut

und betont überschwänglich (13). Der erste Impuls Ihres Hundes, zu diesem bekannten und freundlichen Menschen zu laufen, verhindern Sie zunächst über die Leine, die Sie bereits vorab am Halsband befestigt haben. Nun warten Sie ab und beobachten Ihren Hund. Sucht er Ihren Blick, belohnen Sie ihn stark: Loben Sie ihn zunächst verbal, gehen Sie dabei einladend rückwärts und geben Sie ihm, sobald er bei Ihnen angekommen ist, einen leckeren Futterhappen.

› Weisen Sie nun Ihren Trainingspartner an, erneut das gleiche Begrüßungsszenario abzuspulen. Ihr Vierbeiner sollte bereits nach paar Wiederholungen gemerkt haben, was sich für ihn lohnt und was nicht: In die Leine springen und losstürmen bringt ihm keinen Erfolg, er darf weder zu dem freundlichen Menschen hin, noch kommt dieser zu ihm. Das Einzige, was ihn zum Erfolg bringt, ist das Nachfragen bei seinem eigenen Frauchen oder Herrchen (14). Die Erlaubnis, den freundlichen Menschen zu begrüßen, bekommt Ihr Hund erst dann, wenn der erste Impuls nicht das Losstürmen ist, sondern ein fragender Blick zu Ihnen.

SCHRITT 2: BEGEGNUNG MIT HUNDEN

› Auch Hundebegegnungen lassen sich einfacher trainieren, wenn Sie einen vierbeinigen Trainingspartner haben. Dieser taucht auf einem Spaziergang vermeintlich zufällig auf, und Ihr Vierbeiner soll, auch in diesem Fall erneut entgegen seinem Wunsch, nicht zu dem Artgenossen laufen, sondern Ihren Blick suchen.

› Tut er das nicht, warten Sie. Der Trainingspartner kommt nicht näher, und Sie nähern sich ihm ebenfalls nicht an. Es passiert also zunächst einmal nichts (15). Vielleicht braucht Ihr Vierbeiner in dieser für ihn anspruchsvollen Situa-

16

17

tion noch eine kleine Hilfestellung über ein lockendes Geräusch (Zunge schnalzen), um auf die richtige Idee – nämlich zunächst seinen Blick auf Sie zu richten – zu kommen (16).

› Schaut er dann zu Ihnen und fragt nach, loben Sie ihn stark, belohnen ihn, geben ihn jedoch nicht direkt frei. Ihr »Ja«, also die Freigabe, erfolgt erst, wenn Ihr Hund nach ein paar Wiederholungen zuverlässig das gewünschte Verhalten zeigt. Im besten Fall, ohne dass Sie Hilfestellung leisten müssen.

› Schafft Ihr Vierbeiner diese Situation zum ersten Mal im normalen Alltag, hat er sich das ganz große Programm aus Lob und Futter verdient. Lassen Sie den Hund Ihren Stolz so richtig spüren, denn er ist selbst auf dieses Verhalten gekommen – das ist für einen Hund in diesem Fall eine große Leistung (17). Hunde, die durch eigenes Nachdenken gewünschtes Verhalten zeigen, verankern es übrigens viel tiefer im Gedächtnis. Erst recht, wenn sie den großen Stolz ihres Menschen zu spüren bekommen.

Wie oft üben? Ob beim Üben oder im Alltag: Wir empfehlen, gerade zu Trainingsbeginn hier die 80/20-Regel im Hinterkopf zu behalten. Das bedeutet, dass Sie 20 Prozent der Hundebegegnungen ermöglichen und in 80 Prozent der Fälle einfach ohne Kontakt weitergehen. Das ist gut für die Frustrationstoleranz und hilft Ihrem Vierbeiner, wirklich schöne Hundemomente zu erleben. Es bringt ihm viel mehr, mit bekannten, echten Hundekumpeln zu spielen und zu laufen, als jedem unbekannten Artgenossen frei zu begegnen. Achten Sie also auf nette, schöne Sozialkontakte – Ihr Hund braucht nicht allen anderen Vierbeinern nahe zu kommen. Die wirklich schönen Kontakte zählen beim Üben und im Alltag viel mehr.

TYPGERECHTES HUNDETRAINING

Zu welchem Typ gehört Ihr Hund? Hier bekommen Sie ein paar wichtige Tipps.

Tipps für Draufgänger

Der Draufgänger findet grundsätzlich alles spannend und ist ziemlich reizanfällig. Wählen Sie daher die Abstände zur Begegnung zunächst etwas größer und verkleinern Sie diese nach und nach. So fällt es dem Hund leichter.

Tipps für Sturköpfe

Entscheidet sich der Sturkopf dafür, dass er Interesse an der Begegnung hat, möchte er sich unbedingt durchsetzen. Hier hilft hin und wieder eine kleine Erinnerung an den gewünschten Blickkontakt, zum Beispiel über ein Schnalzen mit der Zunge.

Tipps für Sensible

Der Sensible bleibt meist freiwillig bei Ihnen, kann aber bei Menschen oder Hunden, die er lieb gewonnen hat, zum richtigen Draufgänger werden. Auch wenn Sie diese Entwicklung freut: Bestehen Sie trotzdem darauf, der Entscheidungsträger und Erlaubnisgeber zu sein.

Tipps für Gemütliche

Der Gemütliche stürmt nicht, er trabt meist auf die Begegnung zu. Das wirkt auf den ersten Blick freundlich und gemächlich, ist aber dennoch eine eigene Entscheidung, wenn Sie es nicht vorab erlaubt haben. Bleiben Sie daher auch beim Gemütlichen pingelig.

DRAUSSEN UNTERWEGS

Natürliche Instinkte ausleben, die körperliche Fitness, die mentale Auslastung und die Beziehung zum Menschen stärken: All dies findet auf den Spaziergängen statt. Nutzen Sie diese tägliche Qualitätszeit sinnvoll für einen entspannten Alltag.

Lass uns gemeinsam die Welt erobern! In kaum einem anderen Bereich erleben wir in unserer Praxis die Hundebesitzer so ehrgeizig wie in den Übungen, die sich rund um die Spaziergänge drehen. Kein Wunder: Zusammen draußen unterwegs zu sein, ist für viele Menschen der Grund, sich einen vierbeinigen Freund anzuschaffen. Und keine Frage: Es sind auch die Momente, die unsere Hundetrainerherzen höherschlagen lassen. Gemeinsam über Wiesen und Felder zu ziehen, Sport zu treiben und ein richtig gutes Team abzugeben, fühlt sich einfach nur großartig an.

Tatsächlich ist aber dieser riesige Bereich – die Welt vor der Haustür – die größte Herausforderung für unsere Hunde. Denn hier warten täglich neue Abenteuer und unendlich viele aufregende Gerüche von Wildtieren, der Nachbarskatze und anderen Hunden auf sie. Die spannende Frage: Wer wird uns heute wohl begegnen?

Wir haben ganz bewusst bereits vorab erläutert, wie Hunde lernen und funktionieren und wie ihre Art beschaffen ist, bevor wir nun in den praktischen Teil für die Erziehung draußen starten. Denn für Hunde mit ihrer feinen Sinneswahrnehmung, ihrem hervorragenden Gedächtnis und ihrer oft immer noch sehr lebendigen Motivation zu Jagdverhalten ist die Welt da draußen so reizstark, dass Gehorsam eine echte Liebeserklärung an uns ist. Oder vielmehr eine echte Akzeptanzerklärung.

Und so sollten wir neben der richtigen Einschätzung des Charakters unseres Hundes an dieser Stelle auch schon verinnerlicht haben, dass es unserem vierbeinigen Liebling umso leichter fällt, uns intrinsisch zu folgen und im Training auf uns fokussiert zu bleiben, je mehr er uns akzeptiert.

HUNDEERZIEHUNG – EIN 1000-TEILE-PUZZLE

Wir vergleichen Hundeerziehung sehr gern mit einem Puzzle. Jedes noch so kleine Puzzleteil ist wichtig, um am Ende ein schönes Bild zu gestalten. Ja, es kann manchmal mühselig sein und auch stellenweise länger dauern, aber es wird sich lohnen. Also achten Sie auch bei den folgenden Übungen auf die Details und nehmen Sie sich ausreichend Zeit für diesen spannenden Teil des Puzzles.

Ganz gleich, ob mit oder ohne Leine, wir haben Übungen für Sie zusammengestellt, von denen wir glauben, dass sie nicht nur Ihren Alltag erleichtern und angenehmer gestalten, sondern auch Hund und Mensch einfach unheimlich viel Spaß machen. Erleben Sie, wie wir mit einer Mischung aus positiver Verstärkung von erwünschtem Verhalten und passend gesetzten Korrekturen bei Fehltritten Trainings gestalten, die viel Freude machen, einen gut erzogenen Begleiter hervorbringen und am Ende zu den lang ersehnten entspannenden Spaziergängen führen.

ÜBUNG

LEINEN-FÜHRIGKEIT

Wenn über Leinenführigkeit gesprochen wird, haben nicht alle Hundebesitzer eine feste Vorstellung davon. Gemeint ist schlicht etwas, das, wenn es gelingt, wie selbstverständlich aussieht: das entspannte Laufen an der lockeren Leine. Der Hund orientiert sich dabei am Menschen – er folgt ihm und passt sein Tempo optimal an.

LOCKERE LEINE – NUR EIN TRAUM?

Kaum etwas scheint so schwierig zu sein, wie dem Hund beizubringen, an der lockeren Leine zu laufen und nicht zu ziehen. Daher nimmt das Thema Leinenführigkeit bei unseren Trainings viel Raum und Zeit ein. Wie soll das meinem temperamentvollen Hund nur jemals gelingen, fragen Sie sich vielleicht. Und wie kann ich dieses Verhalten bei ihm einfordern, ohne den Spaziergang jedes Mal zu belasten?

VON KLEIN AN ÜBEN, ÜBEN, ÜBEN …

Tatsächlich ist die lockere Leine schwierig zu erreichen, denn ein Großteil der Vierbeiner hat es genau andersherum gelernt. Die meisten Hundefreunde lassen ihre Welpen mit mildem Blick von klein auf an der Leine frei gewähren. Und der Mensch läuft dann treu mit gespannter Leine hinterher. So wird das Ziehen lange vor dem bewussten Training zum festen Verhaltensmuster.

Natürlich verstehen wir die Welpenbesitzer, andere Themen scheinen in dieser Eingewöhnungsphase eine viel höhere Priorität zu haben. Warum den Feinschliff im Visier haben, wenn der Welpe sich zu Hause noch in jeder Ecke erleichtert? Dennoch möchten wir Ihnen Mut machen, auch in dieser anstrengenden Zeit andere Themen zumindest anzudenken. Wer schon früh darauf achtet, dass sein Hund an der gespannten Leine nicht zum Ziel kommt, spart sich später Zeit und Nerven.

UNSER ZIEL: LOCKERE LEINE!

Wege zu diesem Ziel gibt es einige. Und da das Thema in unserem Alltag als Trainer viel Raum einnimmt, gewähren wir ihm auch hier in unserem Buch entsprechend Raum, um es so gut wie möglich anzugehen. Bevor wir in die Trainingsmethoden einsteigen, sollten Sie zunächst verstehen, warum der Hund an der Leine zieht. In unserem Alltag begegnen uns diese drei Gründe:

1. Er hat noch nicht gelernt, wie es richtig geht.
2. Er hat gelernt, dass sich ziehen lohnt.
3. Er hat nicht gelernt, dass es unerwünscht ist, und weiß somit, dass dem Zerren an der Leine keine negativen Konsequenzen folgen.

VERTRAUEN AUFBAUEN

In unserem Verständnis als Hundeexperten ist die Beziehung zwischen Hund und Halter das entscheidende Thema, das nahezu jedes andere Erziehungskapitel maßgeblich beeinflusst. Hat der Hund gelernt, seinem Halter Entscheidungen zu überlassen und ihm zu vertrauen, kann er ihm auch viel entspannter die Kontrolle über den Weg und das Tempo überlassen.

Nehmen Sie sich also die Zeit und blättern Sie noch einmal zurück zu den Kapiteln Hausregeln (siehe ab Seite 79) und Akzeptanz (siehe ab Seite 102). Schauen Sie vor allem im Alltag immer wieder auf das unsichtbare Band zwischen Ihnen und Ihrem Vierbeiner. Dieses Band fundiert aufzubauen, lohnt sich nicht nur für eine größere Beziehungstiefe, sondern auch für einen enorm gesteigerten Trainingserfolg.

GEDÄCHTNIS WIE EIN ELEFANT

Zurück zum Ziehen an der Leine. Hat der Vierbeiner erst einmal gelernt, dass er das Tempo vorgibt und Sie an der gespannten Leine hinter ihm herhetzen, ist eine Umerziehung zwar schwierig – aber machbar.

Uns erinnern Hunde oft an Elefanten: Gelernt ist gelernt und wird nicht vergessen! Deshalb betonen wir, dass es sich wirklich lohnt, von Anfang an gute Gewohnheiten zu etablieren und keine falschen Wege einzuschlagen.

Gute Gewohnheiten gelingen durch eine deutliche Differenzierung im Alltag. Auf der einen Seite steht das Training, in dem wir ein bestimmtes Verhalten klar und deutlich einfordern, auf der anderen Seite die Freizeit, in der Regeln auch mal ausgedehnt werden dürfen. Den Unterschied machen wir durch zwei unterschiedliche Modi spür- und sichtbar: Im Freizeitmodus empfehlen wir, dem Hund ein Geschirr anzulegen, im Trainingsmodus ein Halsband. Der Vierbeiner trägt auf jedem Spaziergang beides, und für unsere Lieblinge, die jede kleinste Veränderung bemerken, ist so klar und deutlich erkennbar, dass die Erwartungshaltung an sie wechselt: Am Geschirr läuft der Hund im Freizeitmodus, und am Halsband soll er lernen, seinem Menschen kontrolliert und gehorsam zu folgen.

Nervig für den Menschen und stressig für den Hund – das leidige Zerren an der Leine.

Ist das Leinentraining erfolgreich absolviert, kann der Hund auch ganz frei neben Ihnen laufen.

SCHWIMMFLÜGEL IM HUNDE-TRAINING

Wir vergleichen das Geschirr oft mit Schwimmflügeln. Es ist ein wertvolles Hilfsmittel, das uns in der Lernphase dabei unterstützt, schwierige Situationen zu überbrücken. Damit meinen wir Gegebenheiten, in denen wir von unserem vierbeinigen Freund noch nicht verlangen können, dass er vernünftig an der Leine läuft. Wie bei Kindern, die das Schwimmen irgendwann gelernt haben und die Schwimmflügel daher nicht mehr brauchen, so können auch die Hunde das Hilfsmittel irgendwann ablegen. Denn dann können sie im besten Fall immer frei laufen und wissen, dass sie ihr Verhalten, wenn sie an die Leine genommen werden, anpassen müssen.

Wenn Sie auf gar keinen Fall die Modusänderung durch den Wechsel von Geschirr zu Halsband und umgekehrt kennzeichnen möchten, können Sie auch mit einem Wechsel zwischen zwei Leinen arbeiten oder den Unterschied mit einem Wort als Signal belegen. Wer sich für diese beiden Wege entscheidet, muss allerdings peinlich genau auf Konstanz achten, denn ansonsten verschwimmen die Grenzen – und gefährden damit den Erfolg der Trainingsbemühung.

TRÄUMST DU NOCH ODER TRAINIERST DU SCHON?

Es gilt also immer, wenn der Hund angeleint wird, den Modus bewusst zu wechseln und ein effektives Training zu starten. Wer mal streng und mal nachlässig agiert, verwischt die Grenzen und wird vor allem ungerecht. Wie soll der Hund unterscheiden, dass er mit Leine mal ziehen darf und mal folgen muss? Achten Sie also auf konsequente Klarheit – auch als Stütze für Ihren Kopf.

Ein Geschirr macht das Training gerade zu Beginn leicht. Später kann darauf auch verzichtet werden.

Wir bevorzugen eine Führleine ohne viel Schnickschnack mit einer Länge von 1 bis 1,2 Metern.

Die Trainingsleine sollte drei bis fünf Meter lang sein. Sie wird am Geschirr befestigt.

KEIN PREIS OHNE FLEISS

Ja, wir geben es gern zu: Leinenführigkeit erfordert eine ordentliche Portion Disziplin, vor allem von uns Menschen. Und sie ist eine echte Fleißarbeit. Wir finden aber, dass sie sich in jedem Fall lohnt, denn sie erweist sich als wirklich gute Investition – als echte Erleichterung für den Alltag und das gemeinsame Leben.

DIE PERFEKTE AUSSTATTUNG

Bei kaum einem anderen Thema spielt das Equipment wohl eine so große Rolle. Und so ist es vor allem vor dem ersten, bewussten Training sinnvoll, sich für das Zubehör zu entscheiden und es im Vorfeld anzuschaffen. Denn unter den stets gleichen Bedingungen zu arbeiten, ermöglicht dem Hund von Beginn an eine klare Differenzierung der Erwartungshaltung.

Wir empfehlen, ein Halsband, ein Geschirr, eine Führleine und eine Freizeit- oder Trainingsleine zu kaufen und natürlich eine leckere Belohnung griffbereit in der Tasche zu haben. Am Ende ist es Geschmackssache, welche Leinen und welches Geschirr Sie benutzen möchten. Wir finden, je weniger Schnickschnack das Equipment hat, desto besser – das gilt gerade für Anfänger.

Leinen: Ein Blick auf die Leinenlänge lohnt sich, denn sie sollte möglichst immer gleich sein. Wir finden eine Länge von 1 bis 1,20 Metern für die Führleine und drei bis fünf Meter für die Trainings- bzw. Freizeitleine am besten. Wir verzichten gern auf viele Haken, Ösen oder Schlaufen.

Halsband: Beim Halsband ist darauf zu achten, dass es gut sitzt, sich nicht über den Kopf abziehen lässt und natürlich auch nicht einschnürt. Es sollte immer ein Daumen zwischen Hals und Halsband passen.

Geschirr: Wir empfehlen ein gut gepolstertes Y-Geschirr. Bei diesem sind – anders als bei einem Norwegergeschirr – die Schultern des Hundes frei beweglich. Prüfen Sie auch den Abstand zwischen Vorderbeinen und Riemen, damit keinerlei störende und schmerzende Reibung entsteht. Natürlich geht es darum, dem

Hund jedes unangenehme oder gar schmerzende Gefühl zu ersparen. Eine negative Erfahrung würde zu einer negativen Verknüpfung und einer Abneigung gegen das Geschirr führen.

SCHRITT 1: AN-/ABLEINEN

Bevor der Hund an der Leine läuft, kommt natürlich das Anleinen. Es lohnt sich, diesen oft unbewussten kleinen Handgriff etwas genauer unter die Lupe zu nehmen. Denn ein ruhiger und ritualisierter Start ist eine fantastische Grundlage für ein konzentriertes Training. Oder andersherum gesagt: Startet Ihr Vierbeiner schon aufgeregt und durcheinander in den Spaziergang, ist es für Sie wenig sinnvoll, überhaupt mit einem Training zu beginnen.

Für das Ritual des Anleinens gibt es verschiedene Möglichkeiten. Viele Jahre haben wir unseren Kunden empfohlen, mit dem Sitz-Signal zu starten. Der Hund sollte hierbei möglichst ruhig sitzen und sich entspannt an- und ableinen lassen. Allerdings wurde uns in den vergangenen Jahren immer deutlicher bewusst, dass viele Hundebesitzer durch das ausgeführte Sitzen nicht genau hinsehen und prüfen, ob ihr Vierbeiner tatsächlich in einem ruhigen Zustand ist. Deshalb erschien es uns nötig, eine weitere Methode einzuführen.

› Der Hund trägt bereits das Halsband. Er sitzt oder steht entweder direkt neben oder schräg vor Ihnen und hält Körperkontakt zu Ihnen. Dabei sollte sein Zustand ganz gelassen sein. Er muss nun also gut und entspannt aushalten, dass in diesem Moment schlichtweg nichts passiert (1). Diese kleine Meditation ist die perfekte Einstimmung auf unsere Übung, denn Leinenführigkeit hat auch viel mit Frustrationstoleranz zu tun: Der Vierbeiner muss sich und sein Temperament an der Leine bewusst zurücknehmen. Außerdem

WENN'S MAL NICHT KLAPPT

Wenn Ihrem Hund die Ruhe schwerfällt, gehen Sie einen Schritt zurück und führen Sie eine vorbereitende Orientierungsübung ein. Hierfür brauchen Sie die Trainingsleine, das Geschirr und Futter.

1. Gehen Sie mit Ihrem Vierbeiner in eine reizarme Umgebung und halten Sie die Trainingsleine ganz am Ende fest. Schaut Ihr Liebling Sie ohne Ihr Zutun an, loben Sie ihn überschwänglich.

2. Nehmen Sie nun eine einladende Körperhaltung ein. Sobald der Hund auf Sie zukommt und in Ihrer Nähe ist, kullern Sie ein Stück Futter über den Boden in seine Laufrichtung.

Diese schöne und angenehme Situation bereitet den meisten Hunden viel Freude, und sie merken schnell, dass es sich durchaus lohnt, ihrem Besitzer häufiger Aufmerksamkeit zu schenken.

muss er dulden, dass sein Mensch die Führung übernimmt, und akzeptieren, dass seine Impulse und Ideen gerade nicht gefragt sind.

› Verhält sich Ihr Vierbeiner ruhig und ist ganz entspannt, dann befestigen Sie die Leine an seinem Halsband und loben ihn (2+3).

METHODE #1: FÜR SENSIBELCHEN UND WELPEN

Genug der Vorbesprechung, starten wir mit der ersten Methode, die mit positiver Verstärkung funktioniert und die wir für Hunde mit sensiblem Charakter und für Welpen empfehlen.

4

5

› Motivieren Sie Ihren Hund zunächst mithilfe von Futter, an die richtige Stelle zu kommen. Belohnen und loben Sie ihn auch während des Trainings immer wieder in kleinen Schritten für das richtige Verhalten.

› Zunächst gewöhnen Sie Ihren vierbeinigen Liebling achtsam an das Anleinen. Klicken Sie den Karabiner ins Halsband und belohnen Sie sein entspanntes Verhalten. Der Hund sollte die ganze Zeit ruhig stehen oder sitzen bleiben – auch dann, wenn die Leine wieder vom Halsband gelöst wird (4).

› Nach dem Ableinen warten Sie noch einen Moment und geben den Hund anschließend mit Ihrem Auflösesignal frei.

› Wiederholen Sie nun diese Vorgehensweise so lange, bis Ihr Vierbeiner das Ritual kennt und zum An- und Ableinen zuverlässig ruhig sitzen oder stehen bleibt.

› In der nächsten Trainingseinheit gehen Sie die ersten Schritte (5). Der Hund ist am Halsband angeleint und sitzt oder steht neben Ihnen. Geschirr und Trainingsleine befinden sich ebenfalls am Vierbeiner. Die Trainingsleine können Sie während der Übung hinterherschleifen lassen. Nehmen Sie Futter in die Hand und halten Sie es vor Ihrer Brust. Nun gehen Sie ein paar Schritte. Ihr Oberkörper ist dem Hundekopf zugeneigt. Sie können Ihren Liebling bereits während der ersten Schritte mit ruhiger Stimme loben.

› Dem Hund ist bewusst, dass eine Belohnung in Reichweite ist, daher bleibt er aufmerksam neben Ihnen. Bevor er auf die Idee kommt, Sie zu überholen, oder seine Aufmerksamkeit nachlässt, bleiben Sie stehen und belohnen ihn.

› Steigern Sie behutsam die Anzahl der gegangenen Schritte. Je sensibler oder unsicherer Ihr Hund ist, desto kleinschrittiger gestalten Sie das Training. Vergessen Sie nicht das Ziel: Es gilt permanent zu vermeiden, dass Ihr vierbeiniger Freund an der Leine zieht.

› Sobald Sie zuverlässig und mit einem aufmerksamen und motivierten Hund an Ihrer Seite einige Schritte gehen können, bauen Sie abrupte Richtungswechsel ein (6). Ihr Liebling sollte außerdem lernen, auf beiden Seiten gleichermaßen gut zu laufen.

› Werden die Strecken länger, kann es helfen, wenn Sie Ihren Hund während des Laufens immer wieder mal loben und bestärken.

METHODE #2: FÜR SELBSTBEWUSSTE UND TEMPERAMENTVOLLE

Bei der zweiten Methode lernt der Hund die Leinenführigkeit nicht nur über rein positive Verstärkung, sondern über ein Begrenzen. Es geht darum, ihm klarzumachen, dass er keinesfalls an Ihnen vorbeiziehen darf. Sie arbeiten dabei mit einer mobilen räumlichen Grenze, die sich auf Höhe Ihrer Füße befindet. Der Zug nach vorn und zur Seite muss vermieden werden.

› Wählen Sie für diese Methode zunächst den Ort des Trainings ganz bewusst. Die Umgebung sollte ruhig und reizarm sein und im besten Fall eine seitliche Begrenzung wie eine Mauer oder einen Zaun bieten. Sie beanspruchen bei dieser Methode den Raum vor sich über Korrektur und Körpersprache. Sie signalisieren Ihrem Hund damit, dass Sie die Kontrolle und Verantwortung in dieser Situation übernehmen.

Diese Methode, die auf den ersten Blick sehr streng erscheint, eignet sich gerade für selbstbewusste Hunde sehr gut. Denn sie führt über die Vermittlung von klaren Grenzen zu einem hohen Gefühl der Sicherheit und damit zu einer sehr entspannten Haltung.

› Der Hund läuft hinter oder neben Ihnen (7).

› Sobald er Sie überholt, korrigieren Sie ihn und achten genau auf sein Feedback (8). Wirkt er beeindruckt und defensiv? Dann war Ihr Auftreten genau richtig.

› Jetzt drehen Sie sich aus und warten.

› Bleibt Ihr Vierbeiner stehen und schaut Sie an (9)? **Prima. Dann** geht es weiter (10).

› Nun stehen ein Tempowechsel und ein kleiner Test an. Hat der Hund verstanden und Ihre Begrenzung akzeptiert? Wunderbar. Dann gehen Sie plötzlich viel langsamer. Schleichen Sie.

11

12

13

› Wenn der Hund sich an Ihrem Tempo orientiert und weiter etwa auf Kniehöhe bleibt, markern Sie sein Verhalten und belohnen Sie ihn. Super Leistung!

METHODE #3: MIT ORIENTIERUNG AM MENSCHEN

Bei dieser Methode orientiert sich der Hund am Menschen, wobei es weniger um die konkrete Position, an der sich der Vierbeiner befindet, geht. Hier steht das Verhalten, das der Hund während der Leinenführigkeit zeigt, im Fokus. Wir möchten, dass der Hund sich an uns orientiert, und das kann er über seine Körpersprache wunderbar ausdrücken. Dabei ist mindestens eines seiner Ohren nach hinten gekippt, seine Rute nimmt eine neutrale Position ein, und regelmäßig schaut er zu seinem Menschen, um dessen Verhalten genau zu registrieren (11).

› Starten Sie mit dem entspannten und ritualisierten An- und Ableinen ins Training. Dann gehen Sie die ersten Schritte – und zwar extrem langsam. Dabei konzentrieren Sie sich genau auf Ihren Vierbeiner und sein Ausdrucksverhalten.

› Sobald der Hund seine Orientierung an Ihnen verliert, entfernen Sie sich mit zwei Schritten rückwärts von ihm und berühren ihn gleichzeitig mit spitzen Fingern an der Flanke, um seine Aufmerksamkeit wieder zu erlangen (12). Folgt der Hund, wenden Sie sich von ihm ab. Das bedächtige, langsame Laufen macht es sowohl für den Hund als auch für Sie einfacher, sich zu konzentrieren und orientiert zu bleiben. Sie korrigieren hierbei also nicht nur sein Vorlaufen, wie bei der zweiten Methode, sondern auch seine Unachtsamkeit Ihnen gegenüber. Die Berührung soll Ihrem Hund natürlich nicht wehtun, ihn aber dennoch überraschen und und ihm klarmachen, dass jedes Abschweifen unerwünscht ist.

› Überprüfen Sie Ihre Korrektur durch die Berührung, indem Sie sich erneut zwei Schritte rückwärts vom Hund entfernen. Ist er jetzt orientiert, wird er Ihren Bewegungen folgen (13). Loben Sie ihn nun gern mit ruhiger Stimme.

Wichtig: Halten Sie die Trainingseinheiten bei diesem Training stets relativ kurz. Zu Beginn genügt schon eine Minute am Stück, denn für den Hund bedeutet orientiertes Laufen, dass er sich stark konzentrieren muss. Diese Konzentrationsfähigkeit muss allerdings erst aufgebaut werden. Beginnen Sie mit dem Training in reizarmer Umgebung. Ein asphaltierter Parkplatz oder Ihr Garten bieten sich dafür an. Bauen Sie Veränderungen und Ablenkungen nur ganz behutsam ein.

WENN'S MAL NICHT KLAPPT

Wenn Ihr vierbeiniger Freund doch einmal ausbrechen sollte, so ist das auch nicht schlimm und in dieser Trainingsphase eigentlich fast schon ganz normal.
Korrigieren Sie ihn dann in gewohnter Weise. Aber tatsächlich nur dann, wenn er Sie wirklich überholt – nicht aber, wenn Sie nur vermuten, dass er dies vorhat. Solch eine Korrektur kann Ihr Hund nicht verstehen.

TYPGERECHTES HUNDETRAINING

Zu welchem Typ gehört Ihr Hund? Hier bekommen Sie ein paar wichtige Tipps.

Tipps für Draufgänger

Ihr Draufgänger reagiert wahrscheinlich schnell auf Ablenkungen. Daher ist es für diesen Typ Hund besonders wichtig, dass Sie ganz langsam in reizvollere Umgebungen wechseln und die Ablenkungen nur behutsam steigern.

Tipps für Sturköpfe

Bei einem Sturkopf sollten Sie besonders pingelig und akkurat trainieren, um eine erfolgreiche Leinenführigkeit zu erzielen. Er entdeckt gern und auch ziemlich schnell Schlupflöcher und nutzt sie für sich. Wenn Sie hier sehr gewissenhaft vorgehen, wird sich das bezahlt machen.

Tipps für Sensible

Versuchen Sie für Ihren sensiblen Hund zunächst die erstgenannte Methode (siehe ab Seite 131) und bestärken Sie ihn – gern auch mit ganz besonders feinen Leckerchen – für das richtige Verhalten. Scheuen Sie sich aber nicht davor, auch mal eine Korrektur zu setzen, wenn es angebracht ist.

Tipps für Gemütliche

Wenn Ihr gemütlicher Vierbeiner so gar keine Lust hat, an Ihrer Seite zu laufen, sparen Sie nicht mit Lob und Leckerchen. Wenn es sich für ihn so richtig lohnt, leinenführig zu laufen, wird er sich sicherlich gern und schnell darauf einlassen.

ÜBUNG

»BEI MIR!«

In diesem Buch geben wir Ihnen einige Alltagshelfer an die Hand – Luxuskommandos, die den Alltag mit Hund erleichtern und so auch der Beziehung und der Entspannung guttun. Einer dieser sehr bewährten Alltagshelfer ist das Kommando »Bei mir«. Das Ziel ist es, den Hund ohne viel Aufhebens immer und überall in unserer unmittelbaren Nähe halten zu können.

Bei dieser Übung spielt es keine Rolle, ob Ihr vierbeiniger Liebling links oder rechts von Ihnen geht. Entscheidend ist die Nähe zu Ihnen – denn zwischen Ihnen und dem Hund sollte höchstens eine Armlänge Abstand sein. In seiner Körperhaltung muss Ihr Hund nicht wie ein scharfer Wachhund angespannt sein und sich nach Ihnen verrenken, sondern er sollte vielmehr ruhig, aber konzentriert sein – genau so, wie Sie es ihm (hoffentlich) vorleben.

SCHRITT 1: AUFBAU DES KOMMANDOS

› Wählen Sie zunächst eine reizarme Umgebung aus, legen Sie dem Hund sein Geschirr an und befestigen Sie die Trainingsleine daran. Halten Sie in Ihrer Tasche genügend Futter zum Belohnen bereit.

› Rufen Sie Ihren Hund zu sich. Dann setzen Sie Ihr Signal. Bewährt hat sich ein doppeltes Klopfen auf den Oberschenkel (1). Manche nehmen auch noch ein stimmliches Signal hinzu, zum Beispiel »Bei mir«.

› Sobald Sie die Aufmerksamkeit Ihres Lieblings haben, loben Sie ihn stimmlich und gehen wenige Schritte weiter. Zwischendurch können Sie ihm immer wieder Leckerchen verabreichen, aber Sie sollten ihm dabei das Futter nicht permanent vor die Nase halten (2).

› Verliert der Hund die Aufmerksamkeit, korrigieren Sie ihn – auch durch Berührung (3). Ein Antippen versteht er sehr gut und findet dann wieder in die Konzentration.

› Gehen Sie anschließend wieder zurück und wiederholen Sie die Übung. Entscheidend ist, dass Sie klare Signale setzen – also sich deutlich auf die Oberschenkel klopfen – und im Anschluss natürlich das Signal deutlich auflösen (4).

Darauf ist zu achten:

› Achten Sie am Anfang besonders aufmerksam darauf, dass Ihr Hund die Übung nicht ohne eine deutliche Freigabe – also Ihr Auflösesignal (siehe Seite 15) – verlässt.

› Mit der Trainingsleine als Absicherung haben Sie gerade in den ersten Begegnungssituationen noch die Möglichkeit zu verhindern, dass Ihr Vierbeiner Ihnen entwischt.

› Sind Sie sich unsicher, ob Ihr Hund wirklich bei Ihnen bleibt, wenn der Jogger vorbeiläuft? Dann nehmen Sie unauffällig die Trainingsleine auf und halten sie locker in der Hand.

› Es gibt zwei mögliche Szenarien, auf die Sie jedoch vorbereitet sind: Bleibt Ihr Hund aufmerksam bei Ihnen, loben Sie ihn überschwänglich und bestätigen sein tolles Verhalten zusätzlich mit einem Leckerchen. Im zweiten Szenario bleibt Ihr Vierbeiner nicht im »Bei mir«, sondern zeigt deutliches Interesse am Passanten. Sie sind bereit zu korrigieren und verhindern zusätzlich über die unauffällig gehaltene Trainingsleine, dass Ihr Hund seiner Idee, dem Passanten »Guten Tag« zu sagen, nachkommen kann.

› Ihr Liebling kann somit selbstwirksam lernen, was sich für ihn lohnt – nämlich bei Ihnen zu bleiben – und was nicht.

› Ihr Hund wird sich in der Folge eher für Sie als für den Passanten entscheiden. Nun können Sie getrost die Trainingsleine auf dem Boden schleifen lassen. Im Zweifelsfall könnten Sie immer noch das Ausbüxen des Hundes verhindern, indem Sie schnell einen Fuß auf die Leine stellen.

Wie oft üben? »Bei mir« ist eine wahre Fleißarbeit, die sich allerdings ganz prima in den alltäglichen Spaziergang einbauen lässt. Am besten üben Sie also regelmäßig, denn so erzielen Sie auch den nachhaltigsten Effekt.

SCHRITT 2 UND 3: REIZE UND GENERALISIERUNG

Sobald Ihr Hund das Kommando verstanden hat, geht es ans Üben. Nun erhöhen Sie die Anzahl der Schritte und nehmen Reize hinzu. Das Generalisieren passiert beim Üben auf unterschiedlichen Wegen ganz automatisch. Je öfter Sie in unterschiedlichen Situationen, etwa auf Bürgersteigen, Wiesen oder Schotterwegen, mit Ihrem Vierbeiner trainieren, desto stärker wirkt die Generalisierung und dann auch die Zuverlässigkeit.

Wenn Sie kontrolliert reizvolle Situationen schaffen möchten, legen Sie doch einmal ein Spielzeug oder sehr tolles Leckerchen auf den Weg und gehen Sie an diesem mit Ihrem Hund im »Bei mir«-Kommando vorbei. Das kann zunächst als guter Stellvertreter für den spontanen Außenreiz wie Jogger oder Fremdhund dienen.

DAS ZIEL

Je häufiger Sie das Kommando üben, desto schneller können Sie es im Alltag tatsächlich benutzen. Training und Alltag gehen also nahtlos ineinander über. Schon bald werden Sie merken, dass Sie auch in Situationen voller Reize Ihren Hund bei sich halten können – ohne Einsatz der Leine. Sobald Sie sich sicher fühlen, können Sie auf die Trainingsleine und das Geschirr verzichten. Auch der Einsatz von Leckerchen zur Belohnung kann hier früh ausgeschlichen werden, denn auch Ihr stolzes Lob und das Freigeben in den Freilauf ist eine tolle Belohnung.

Ihr vierbeiniger Liebling hört nun ohne Hilfsmittel auf das Signal, und Sie werden sehen, dass nun Spaziergänge oder alltägliche Besorgungen noch entspannter und einfacher für Sie als Hund-Mensch-Team werden.

Auch für uns ist das »Bei mir«-Kommando im Alltag eines der am häufigsten genutzten. Egal, ob eine Begegnung mit Joggern, Radfahrern oder anderen Hunden ansteht: Wir sind unabhängig von der Leine, denn unsere Hunde haben gelernt, zuverlässig und gern bei uns zu bleiben.

Beim »Bei mir« läuft der Hund locker neben seinem Menschen. Er muss dabei auch nicht permanent hochschauen wie beim häufig trainierten »Bei Fuß«.

WENN'S MAL NICHT KLAPPT

Nicht jeder Tag ist gleich, und nicht jede Übung klappt sofort. Das ist okay und absolut normal! Beobachten Sie Ihren Hund genau und schauen Sie sich die Stellschrauben an, die Sie beim Training verändern können. Liegt es an mangelnder Motivation? Belohnen Sie variabel, vielleicht mal mit einem Superleckerchen oder einem Spielzeug. Ist die Ablenkung zu groß? Wählen Sie vermehrt Orte mit niedriger Ablenkung, damit Sie das Signal ordentlich anlernen können und Ihr Vierbeiner genau versteht, was Sie von ihm erwarten.

TYPGERECHTES HUNDETRAINING

Zu welchem Typ gehört Ihr Hund? Hier bekommen Sie ein paar wichtige Tipps.

Tipps für Draufgänger

Beim Draufgänger müssen Sie darauf achten, dass er nicht übermotiviert ist. Bei ihm ist es deshalb wichtig, sehr ruhig zu trainieren und sich von seiner Hektik nicht anstecken zu lassen.

Tipps für Sturköpfe

Der ambivalente Sturkopf ist nicht dumm und lernt das Kommando rasch. Allerdings stellt er es auch gern infrage. Er wird in gewissen Situationen versuchen, seinen Kopf durchzusetzen. Hier müssen Sie unbedingt hartnäckiger sein als Ihr Hund. Aber das kennen Sie bereits.

Tipps für Sensible

Der Sensible arbeitet in einem sicheren Umfeld gern mit Ihnen. Wenn Sie beginnen, das Training in den Alltag zu verlegen, sollten Sie darauf achten, dass ihn zunächst nichts verunsichert. Seien Sie besonders einfühlsam und haben Sie stets die Umgebung im Blick.

Tipps für Gemütliche

Beim gemütlichen Hund ist es genau andersherum als beim Draufgänger. Der Gemütliche braucht viel Motivation. Gehen Sie das Training spielerischer an und halten Sie die einzelnen Übungseinheiten kurz. Bei diesem Typ ist es sehr wichtig, das Training zu beenden, wenn der Hund noch motiviert ist.

ÜBUNG

AN DEN RAND SCHICKEN

Bei dem Signal »An den Rand« handelt es sich um ein echtes Luxuskommando, das aber einen erstrebenswerten Mehrwert bedeutet: nämlich mehr Sicherheit für Hund und Mensch, mehr Gelassenheit auf der Straße – und damit auch mehr Spaß auf Spaziergängen.

DIE KÖNIGSKLASSE DES BENIMMS

Stellen Sie sich vor, Sie sind mit Ihrem vierbeinigen Liebling auf einem Feldweg unterwegs – vielleicht an einem sonnigen Sonntag. Die Natur ist herrlich und die Gegend gut besucht: Nicht nur Sie, sondern jede Menge andere Menschen suchen Naherholung im Grünen. Immer wieder kreuzen Jogger, Fahrradfahrer, Reiter Ihren Weg. Doch obwohl die Route so gut frequentiert ist, können Sie sich entspannen – und Ihr Hund ebenso. Er muss nicht mal an die Leine oder bei Fuß laufen, denn Sie können ihn jederzeit an den Rand schicken. Eine Armbewegung genügt, und schon setzt er sich auf den Grünstreifen, lässt Fahrradfahrer und Jogger passieren. Danach laufen Sie weiter. Die Menschen, die Ihnen begegnen, grüßen freundlich und nicken anerkennend. Wie wunderbar funktioniert dieser Hund!

Willkommen in der Königsklasse der Hundebenimmregeln, die gar nicht so schwierig zu erreichen ist. Das Üben, um in diese Klasse aufzusteigen, lohnt sich in jedem Fall!

SCHRITT 1: ICH ZEIG DIR, WAS ICH WILL

› Wählen Sie zunächst einen passenden Trainingsort aus. Wir empfehlen einen nicht viel befahrenen Weg, der sich sichtbar und klar von seinem Rand unterscheidet. Ein Schotterweg oder eine asphaltierte Straße mit angrenzendem Grünstreifen eignen sich sehr gut, um dem Hund die Anforderung klarzumachen.

› Platzieren Sie Ihren Vierbeiner sitzend oder stehend ungefähr ein bis zwei Meter entfernt vom Wegesrand vor sich und halten Sie ein paar Leckerchen in der Hand.

› Locken Sie nun Ihren Hund an die Seite (1), belohnen Sie ihn dort verbal (2), bringen Sie ihn zum Sitzen und belohnen Sie ihn dann erneut, diesmal aber mit dem Futterhappen (3).
› Anschließend beenden Sie die Situation und erteilen Ihrem Hund das Auflösesignal.

Wie oft üben? Der Aufbau der Übung ist nun gelungen. Wiederholen Sie diesen Schritt bis zu zehn Mal, damit sich Ihrem Vierbeiner der Ablauf gut einprägt.

SCHRITT 2: HAST DU'S ECHT SCHON KAPIERT?

Jetzt wird es spannend. Ist Ihnen der Hund nur gefolgt oder hat er die Anforderung tatsächlich verstanden? Wagen Sie das Experiment!
› Der Hund steht oder sitzt wie gehabt vor Ihnen, Sie halten die Leckerchen in der Hand. Führen Sie ihn erneut an den Rand, aber nicht bis zum Ende. Nun zeigen Sie die Richtung an und deuten mit dem ausgestreckten Arm in Richtung Wegesrand. Geht Ihr Vierbeiner den Rest allein? Weiß er, was Sie erwarten?
› Lassen Sie Ihren Hund eine Weile nachdenken. Solange er noch Interesse daran hat, an seine Belohnung zu gelangen, verharren Sie einfach in der Position und warten ab, ob Ihr Liebling von allein auf das richtige Verhalten kommt. Braucht er doch noch etwas mehr Hilfe, gehen Sie wieder ein Stück mit.
› Setzt er sich von allein? Wieder warten Sie ab und lassen ihn aus seiner Erinnerung kombinieren. Braucht er Unterstützung, helfen Sie ihm.
› Wiederholen Sie die Übung und reduzieren Sie Ihre Hilfe immer weiter. Natürlich folgt am Ende immer die Belohnung – erst die verbale und dann, wenn der Hund tatsächlich sitzt, auch die schmackhafte.

SCHRITT 3: ES BRAUCHT EIN WORT

Das Kommando ist aufgebaut. Nun bekommt es sein Signal. Wir raten dazu, nicht »links« oder »rechts« zu wählen, weil die Seiten im Alltag natürlich permanent wechseln. Von uns alltagserprobt ist das Wort »Seite«, das schlicht immer passend ist. Kombinieren Sie von nun an also das Anzeigen der Richtung mit ausgestrecktem Arm und das von Ihnen gewählte Wort (4). Jetzt hat das Kommando einen Namen.

SCHRITT 4: EIN WENIG ABSTAND

Wenn der Hund sichtbar verstanden hat, was das Kommando von ihm verlangt, können Sie ein wenig mehr von ihm fordern. Und zwar mehr Meter zwischen sich – mit demselben Erfolg (5).

› Um das An-den-Rand-Gehen auf Abstand zu üben, hilft es, eine zweite Person mitwirken zu lassen, die den Hund an der Trainingsleine festhält. Der Vierbeiner befindet sich in der Straßenmitte, und Sie entfernen sich zwei bis drei Schritte von ihm, um ihn dann von der Distanz aus an den Rand zu schicken.

› Geht der Hund an den Rand, markern Sie sein positives Verhalten und gehen zu ihm hin. Wichtig ist, dass er die Belohnung erst erhält, wenn er tatsächlich sitzen bleibt.

› Möchte der Hund Ihnen beim Signal »Seite« entgegenkommen, verhindert die andere Person dies über die Trainingsleine, und Sie lassen Ihren Vierbeiner weiter ausprobieren.

› Kommt er nicht von allein auf die Lösung, ist es sinnvoll, wenn Sie noch einmal einen Schritt auf ihn zugehen und ihm damit etwas helfen.

› Für den Fall, dass Sie allein, ohne Hilfestellung durch die zweite Person, trainieren möchten, können Sie den Hund auch über ein Stopp-Signal korrigieren. Dafür muss dieses allerdings bereits gut etabliert sein (siehe ab Seite 144).

SCHRITT 5: ÜBERALL UND IMMER

Wie so oft schließt das Erlernen eines Kommandos mit der Generalisierung. Neue Wege, neues Glück. Schicken Sie Ihren Vierbeiner auf anderen Strecken an den Rand – am besten zunächst dort, wo der Rand sich wieder deutlich abgrenzt, dann auch auf Wegen, wo dies weniger klar ersichtlich ist. Wir empfehlen, den Hund auf jedem Spaziergang einige Male an den Rand zu verweisen. Nach einigen erfolgreichen Wiederholungen ist dieses Kommando langsam generalisiert und überall einsetzbar.

SCHRITT 6: DER HÄRTETEST

Abschließend folgt der Härtetest. Dass Ihr vierbeiniger Liebling das Kommando verstanden hat, davon sind wir nun mehr als überzeugt. Aber folgt er auch bei widrigen Bedingungen? Eigentlich ist dieser Schritt entscheidend, denn genau darum geht es schließlich: den Hund am Rand »parken« zu können, ganz egal, wer da gerade in welchem Tempo auch immer vorbeikommt. Nun üben Sie also mit Ablenkung.

› Lassen Sie Freunde oder Bekannte vorbeigehen oder -laufen (6). Oder setzen Sie selbst Reize, indem Sie Leckerchen auf die Straße kullern lassen oder an dem sitzenden Hund vorbeigehen. Sind Sie selbst der Initiator der Reize, ist es wichtig, dass Sie Ihren Vierbeiner dabei nicht direkt ansehen. Allein in Ihrem Blick liest er eine Aufforderung und ein ganz neues Signal. Deshalb gilt es, die Reize wie nebenbei passieren zu lassen und die Standhaftigkeit zu prüfen.

Üben, korrigieren, üben, korrigieren – gemeistert. Der Hund wird sichtbar besser, und bald klappt das An-den-Rand-Schicken problemlos. Freuen Sie sich auf diesen Moment, der Ihnen mit Sicherheit unzählige Komplimente und ein souveränes Lächeln bescheren wird.

TYPGERECHTES HUNDETRAINING

Zu welchem Typ gehört Ihr Hund? Hier bekommen Sie ein paar wichtige Tipps.

Tipps für Draufgänger

Der motivierte Draufgänger möchte möglichst schnell an seine Belohnung gelangen und neigt daher gern dazu, Ihnen entgegenzukommen. Bleiben Sie aber unbedingt pingelig und belohnen Sie nur das richtige Verhalten.

Tipps für Sturköpfe

Der Sturkopf überlegt zweimal, ob er wirklich an den Rand möchte oder ob er doch lieber mal nachschaut, welcher Reiz da so auf ihn wartet. Um die Motivation zu steigern, lohnt sich besonders leckeres Futter als Belohnung.

Tipps für Sensible

Der Sensible ist am liebsten in Ihrer Nähe, denn dort fühlt er sich sicher. Es könnte ihm schwerfallen, auf Abstand zu Ihnen vorüberziehende Reize auszuhalten. Versuchen Sie in dem Fall, ein paar Schritte auf Ihren Vierbeiner zuzumachen und die Begegnungen gemeinsam zu meistern.

Tipps für Gemütliche

Der Gemütliche ist manchmal einfach schlicht zu faul, um auf Ihr Kommando hin zügig den Wegesrand aufzusuchen. Wägen Sie also je nach Situation ab, ob ein Rückruf oder ein Stopp nicht vielleicht sinnvoller wäre.

ÜBUNG

»STOPP!«

Das Wort ist kurz, die Wirkung stark. Rufen wir »Stopp!«, so soll unser Vierbeiner unmittelbar stehen bleiben. Es spielt dabei überhaupt keine Rolle, ob er dann steht, sitzt oder liegt. Der Hund muss schlichtweg »einfrieren«. So meistern wir Gefahrensituationen ganz wunderbar auch ohne Leine.

Die schlimmsten Gefahren sind die, die sich absolut nicht vorhersehen lassen. Dabei könnte es sich um einen Radfahrer handeln, der plötzlich in schnellem Tempo auf uns zuschießt, ein Auto oder etwas anderes. In vielen dieser Situationen erhöht sich die Gefahr, wenn wir den Hund erst zu uns rufen müssen. Deshalb raten wir Ihnen dringend, das möglicherweise lebensrettende Stopp-Signal intensiv zu trainieren, um Ihren Alltag mit Hund sicherer zu gestalten.

SCHRITT 1: ÜBUNGSAUFBAU

› Bestimmen Sie zunächst eine reizarme Strecke und statten Sie sich mit Futter als Belohnung und/oder einem Spielzeug aus. Bei den Leckerchen ist es wichtig, dass sie nicht zu klein sind, damit sie Ihr vierbeiniger Liebling auch aus der Entfernung gut sehen kann.

› Steht der Hund links von Ihnen, nehmen Sie die Belohnung in Ihre rechte Hand (1). Hält er sich rechts von Ihnen auf, wählen Sie die linke Hand aus. Nun gehen Sie los und halten dabei die Belohnung gut sichtbar in der Hand. Auf diese Weise läuft Ihr Hund aufmerksam und konzentriert neben Ihnen.

› Nach ein paar Metern bleiben Sie abrupt stehen und werfen die Belohnung nach hinten, an sich vorbei (2). Durch den plötzlichen Wurf reagiert der Hund überrascht und wendet sich nach hinten, um den Happen zu erjagen – das ist genau der Plan, den Sie gerade im Sinn haben (3).

› Starten Sie erneut von vorn und wiederholen Sie den Übungsaufbau mindestens fünf Mal, aber auf jeden Fall so oft, bis der Hund zuverlässig verstanden hat, dass eine Belohnung nach hinten fliegt, sobald Sie stehen bleiben.

SCHRITT 2: DAS SIGNAL

› Fahren Sie zunächst fort wie gehabt. Sie gehen mit Futter in der Hand und einem erwartungsfrohen Hund an Ihrer Seite. Ab jetzt verwenden Sie auch das Wortsignal »Stopp«. Sie benennen damit das gewünschte Verhalten, also das abrupte Abstoppen. Unmittelbar bevor Sie zum Wurf des Leckerchens ausholen, rufen Sie »Stopp« und verharren kurz in der Bewegung. Ihr Hund wird bremsen und darauf warten, dass Sie die Belohnung werfen. Das machen Sie auch, aber mit ein bis zwei Sekunden Verzögerung.

› Denken Sie ab jetzt auch an Ihr Auflösesignal, das Sie fortan Ihrem Hund vor dem Werfen der Belohnung zurufen. Die Reihenfolge lautet also ab jetzt: »Stopp«, Wurf antäuschen, in der Bewegung verharren, verbal loben, Signal auflösen und zum Schluss das Leckerchen werfen.

› In der Wiederholung liegt der Erfolg. Mindestens fünf Mal lassen Sie nun Ihren Hund mit dem Stopp-Signal verharren, um dann das Signal aufzulösen und die Belohnung zu werfen.

SCHRITT 3: DIE SEKUNDEN DAZWISCHEN

› Sie haben den perfekten Moment kreiert, doch nun gilt es, ihn auszudehnen. Dazu gehen Sie zunächst wie im zweiten Schritt vor, nur frieren Sie jetzt selbst vor dem Wurf einige Sekunden länger ein. Der Hund verharrt – Sie zählen innerlich bis fünf, geben dann Ihr Auflösesignal und werfen anschließend die Belohnung.

› Sie arbeiten also an der Dauer des Stopp-Signals. Über die sekundenweise Verzögerung lernt der Hund, dass sich das Warten auf die Belohnung lohnt und er das Verhalten so lange zeigen soll, bis er über Ihr Auflösesignal freigegeben wird.

› Wiederholen Sie diesen wichtigen Schritt ungefähr zehn Mal.

1

2

3

SCHRITT 4: MIT ABSTAND

› Nach der zeitlichen Verzögerung fügen Sie nun auch räumlichen Abstand hinzu. Das heißt, Sie machen wieder dasselbe, gehen wenige Schritte und geben das »Stopp«-Signal.

› Gleich darauf gehen Sie aber ein paar Schritte weiter. Ihr Hund verharrt an der Stelle, weil er sich durch die vielen Wiederholungen das Verhalten eingeprägt hat (4). Während Sie wenige Schritte weiter nach vorn gehen, loben Sie ihn verbal, gehen dann zu ihm hin und belohnen ihn mit Futter (5). Anschließend geben Sie ihn frei.

› Auch diesen Schritt wiederholen Sie mehrere Male hintereinander.

› Neben der Dauer des Stopp-Signals arbeiten Sie nun auch am Abstand zwischen sich und Ihrem Hund. Klappt das gut, erhöhen Sie die Anzahl der Schritte, die Sie sich von ihm entfernen.

SCHRITT 5: GENERALISIEREN

Sobald die ersten vier Schritte zuverlässig funktionieren, ändert sich die Übung. Der Hund muss sich nun für das Stopp-Signal nicht mehr an Ihrer Seite befinden.

› Ihr Vierbeiner läuft ein paar Schritte vor Ihnen und fühlt sich ganz frei. Rufen Sie dann plötzlich das Signal »Stopp!«. Der Hund dreht sich zu Ihnen um, und Sie täuschen den Wurf der Belohnung an, warten aber einen Moment, in dem der Hund kurz verharrt. Anschließend geben Sie Ihr Auflösesignal und werfen Ihrem Liebling die Belohnung zu.

› Üben Sie das Stopp mit dem vor Ihnen laufenden Hund weiter, lassen Sie aber allmählich den Abstand zwischen sich immer größer werden und nehmen Sie nun auch Ablenkungen hinzu. Durch das Wechseln der Strecke und der

unterschiedlichen Situationen schaffen Sie auf diese Weise eine gute Generalisierung, die für eine starke Zuverlässigkeit sorgt.

DAS ZIEL

Dauer, Abstand und Ablenkungen – das sind immer die Stellschrauben, an denen Sie den Schwierigkeitsgrad eines Signals verändern. Kann Ihr Hund das Signal jederzeit abrufen? Super! Gefahr gebannt – Stopp funktioniert überall und ohne zu überlegen. Belohnen Sie Ihren Vierbeiner ab jetzt seltener, bis Sie es schließlich ganz einstellen. Gratulation! Nun sind Sie mit einem super funktionierenden neuen Kommando im Gepäck im Alltag angekommen.

WENN'S MAL NICHT KLAPPT

Sobald Sie sich sicher sind, dass Ihr Hund das »Stopp«-Signal grundsätzlich verstanden hat, dürfen Sie darauf bestehen, dass er das Kommando auch dann ausführt, wenn er gerade keine Lust oder nur wenig Motivation dazu hat. Ihr Störgeräusch und Ihre bestimmte Körpersprache aus dem Bereich Akzeptanz erinnern ihn daran, dass Ihnen das Nichtbefolgen missfällt. Sie korrigieren ihn also dafür, dass er nicht auf Sie hört. Das ist okay und auch wichtig, damit Ihr Vierbeiner lernt, dass Ihre Worte verbindlich sind und gerade ein »Stopp!« kein optionales Kunststückchen ist. Denn dieses Signal kann im Notfall Leben retten!

TYPGERECHTES HUNDETRAINING

Zu welchem Typ gehört Ihr Hund? Hier bekommen Sie ein paar wichtige Tipps.

Tipps für Draufgänger

Der Draufgänger ist wie immer ziemlich motiviert, wenn es um Aktion geht. Achten Sie bei ihm besonders darauf, ihn auf den Punkt zu stoppen. Trainieren Sie mit einem eindeutigen Signal und deutlicher Körpersprache.

Tipps für Sturköpfe

Die immer gleichen Abfolgen langweilen den Sturkopf schnell. Daher gilt unsere angegebene Wiederholungszahl für diesen Typ nicht. Zwei bis vier Wiederholungen und variable Trainingsgestaltungen führen hier schneller zum Erfolg als vorhersehbare Übungen.

Tipps für Sensible

Achten Sie beim Sensiblen darauf, ihn mit der überraschenden und abrupten Körpersprache nicht zu verschrecken. Gehen Sie zunächst behutsam vor und testen Sie vorsichtig an, wie Ihr Hund auf das spontane Werfen reagiert.

Tipps für Gemütliche

Der Gemütliche braucht eine sehr hohe Motivation, um eine so aktive Übung mehrmals zu wiederholen. Vielleicht liebt er ein Spielzeug ganz besonders – dann benutzen Sie besser dieses als Alternative zum Futter. Oder vielleicht lockt ihn auch eine außerordentlich schmackhafte Belohnung? Werden Sie kreativ.

ÜBUNG

STRASSEN-TRAINING

Bei dieser Übung geht es darum, dass der Hund an jeder Bordsteinkante automatisch stehen bleibt und auf weitere Kommandos von Herrchen oder Frauchen wartet. Wer sich für dieses Training entscheidet und es vor allem konsequent lebt, erreicht ein weiteres Level an Entspannung, besonders im Straßenverkehr und in Innenstädten.

Für uns ist das Straßentraining keine Pflicht, sondern eher Kür, denn auch ohne das automatische Stehenbleiben des Vierbeiners an jedem Bordsteinrand kann der Alltag mit Hund prima klappen. Doch aus unserer Erfahrung wissen wir, dass unsere Kunden ausgerechnet das Straßentraining lieben – hauptsächlich natürlich die Erleichterung, die es ihnen im Alltag bringt. Daher möchten wir Ihnen diese Übung nicht vorenthalten. Doch bevor wir das Überqueren von Straßen üben, müssen einige andere Trainings erfolgt und alltagserprobt sein. Denn das Straßentraining baut auf wichtigen Themen auf, etwa dem Begrenzen. Wer das beherrscht, kann selbstbewusst in dieses Kapitel starten. Vorausgesetzt werden also eine gut funktionierende Begrenzung sowie die Korrektur (siehe ab Seite 108) und ein Markersignal (siehe Seite 116).

AHA, EINE STRASSE!

Das Ziel bei dieser Übung ist es, dass der Hund lernt, ohne vorheriges explizites Kommando an einer Bordsteinkante zu stoppen. Das Stehenbleiben genügt, ein bestimmtes Verhalten wie Sitz oder Platz verlangen wir hier nicht noch zusätzlich. Wer dieses automatische Anhalten im Alltag integriert, ist mit seinem Hund überall sicher und souverän unterwegs. Große Städte, viel befahrene Straßen – dieses Hund-Mensch-Pärchen braucht keinen Verkehr zu fürchten, denn der Vierbeiner funktioniert an einer Straße automatisch und vollkommen richtig. Und das ist wiederum für uns ein echter Stressvermeider.

Wir erreichen dieses schöne Ziel durch die simple Methodik des Lobs und der Belohnung von richtigem Verhalten sowie durch Korrektur von Fehlverhalten.

SCHRITT 1: STOP AND GO

› Die Übung startet am Rand des Bürgersteigs. Treten Sie auf die Straße (1). Folgt Ihnen Ihr Hund, wird er beim Überschreiten der Bordsteinkante korrigiert und begrenzt (2). Führen Sie ihn kommentarlos zurück auf den Gehweg.

› Wichtig ist, dass Sie den Hund nicht belohnen, sondern gleich wieder von vorn starten. Sie treten an derselben Stelle erneut vom Bürgersteig auf die Straße. Nach einer gelungenen ersten Runde sollte der Hund bereits verstanden haben – und anhalten. Genau dieses Anhalten wird gemarkert, und anschließend wird der Hund mit Futter belohnt (3). Eine Korrektur erfolgt nur dann, wenn der Hund tatsächlich eine Pfote auf die Straße setzt, vorher nicht.

SCHRITT 2: ORTE UND MODUS VARIIEREN

› Wiederholen Sie diese Abfolge an den unterschiedlichsten Orten und bitte unbedingt auch in unterschiedlichem Tempo. So generalisiert sich die Situation, und die gewünschte Verknüpfung wird hergestellt: Das Ende eines Bürgersteigs bedeutet Stopp.

› Gehen Sie zum Schluss gemeinsam mit dem Hund über die Straße (4), lösen Sie die Situation aber zuvor durch das Auflösesignal deutlich auf.

Wichtige Hinweise

Wenn Sie die Übung des Straßentrainings in Ihrem Alltag etablieren möchten, dann gibt es auch für Sie einige Hinweise zu berücksichtigen:

1. Bitte beachten Sie, dass eine Straße ab jetzt nur noch gemeinsam überquert werden darf (5). Kommen Sie also niemals in die Versuchung, Ihren Vierbeiner von der anderen Seite herüberzurufen! Das erweckt eine zu aufgeregte Haltung und kann unter Umständen gefährlich werden.

2. Wenn Sie mit Ihrem Hund traineren, so sollte er des Öfteren die Straße nicht direkt mit Ihnen

1

2

überqueren dürfen. Wir empfehlen Ihnen, hier die sogenannte 80/20-Regel anzuwenden. Sie besagt, dass Ihr vierbeiniger Freund in 80 Prozent aller Straßenüberquerungen am Bordstein warten soll, während er in 20 Prozent der Fälle die Straße gleich mit Ihnen überqueren darf. Nur so haben Sie die Chance, dass die Verknüpfung nicht wieder aufgeweicht wird.

TIPPS FÜR HUNDEHALTER

Tipps für Manager: Sie können Ihre Führungsqualitäten und Zielstrebigkeit auch beim Straßentraining gut einsetzen. Denken Sie nur daran, geduldig zu bleiben und Ihrem Liebling genügend Zeit zu geben, um das Straßentraining ausreichend zu generalisieren.

Tipps für Chaoten: Ihre Gelassenheit und Flexibilität im Training machen es den meisten Hunden einfach, neue Dinge schnell zu lernen. Beim Straßentraining müssen Sie allerdings besonders darauf achten, wirklich jede Bordsteinkante als Trainingsort wahrzunehmen.

Tipps für Empathen: Es ist wichtig, dass Sie sich hin und wieder einmal über die Bedürfnisse Ihres Hundes hinwegsetzen und die eigenen Regeln und Grenzen in den Vordergrund stellen. Ist Ihnen das Straßentraining wichtig, bleiben Sie vehement am Ball. Auch wenn Ihr Vierbeiner gerade so gern zum Hundekumpel auf die andere Straßenseite möchte.

Tipps für Strukturierte: Durch Ihre gut geplante und systematische Herangehensweise können Sie den Erfolg beim Straßentraining mit Ihrem Hund maximieren. Keine Bordsteinkante entgeht Ihnen. Achten Sie jedoch darauf, dass Sie das Loben und Belohnen nicht allzu früh einstellen oder gar gänzlich außer Acht lassen.

3. Das auch im Alltag zuverlässig funktionierende Anhalten an jeder Straße klappt nur, wenn es konsequent und immer beachtet wird. Werden Sie also mit der Zeit nicht nachlässig.
4. Straßentraining kann auch an »unsichtbaren« Bordsteinen, wie etwa abgesenkten Gehwegrändern, vor der eigenen Haustür oder an der Hofausfahrt, geübt werden.
5. Die Futterbelohnung sollte zügig ausgeschlichen werden. Sie kann dann nur noch nach dem Spielautomatenprinzip (siehe Seite 69), also hin und wieder, erfolgen.
6. Diese Übung funktioniert mit oder ohne Leine. Sie sollte allerdings auch zu Beginn des Trainings immer wieder mal mit und mal ohne Leine absolviert werden.

WENN'S MAL NICHT KLAPPT

Das Straßentraining klappt bei vielen Mensch-Hund-Gespannen trotz zahlreicher Übungseinheiten nicht so richtig. Daher vermeiden Sie bitte unbedingt die folgenden Fehler:

1. Die Korrektur erfolgt zu früh – also bevor der Hund einen Fehler gemacht hat.
2. Sie schauen permanent auf Ihren Vierbeiner. Dabei sollten Sie ihn beim Training auch mal nur aus dem Augenwinkel beobachten.
3. Das Training wird zu wenig generalisiert.
4. Straßenüberquerungen werden nicht konsequent genug trainiert.

TYPGERECHTES HUNDETRAINING

Zu welchem Typ gehört Ihr Hund? Hier bekommen Sie ein paar wichtige Tipps.

Tipps für Draufgänger

Der Draufgänger ist sehr empfänglich für Reize. Sie werden bei ihm daher immer wieder mit unterschiedlichen Reizen auf der anderen Straßenseite trainieren müssen, etwa mit Spielzeug, Futter oder auch mal dem Nachbarshund, der unverhofft vorbeiläuft.

Tipps für Sturköpfe

Bei einem Sturkopf kann es durchaus passieren, dass er das Verbot, den Bordstein nicht zu übertreten, schon mal ignoriert. Bleiben Sie trotzdem beharrlich dran und trainieren Sie auch hier mit unterschiedlichen Reizen.

Tipps für Sensible

Der Sensible möchte gern bei Ihnen bleiben. Deshalb wird das Begrenzen am Anfang nicht ganz so einfach werden. Bleiben Sie konsequent, aber werden Sie nicht zu impulsiv bei der Korrektur, denn Ihr Vierbeiner soll sich nicht vor Ihnen erschrecken, sondern lediglich am Bordstein anhalten.

Tipps für Gemütliche

Der Gemütliche wird den Bordstein als Grenze schnell akzeptieren. Allerdings werden Sie das Signal sehr deutlich auflösen müssen. Setzen Sie dafür eine klare Körpersprache ein.

ÜBUNG

DER KLEINE RÜCKRUF

Auf jeder Gassirunde kommt er mit Sicherheit mehrmals zum Einsatz – der kleine Rückruf. Er bedeutet nichts anderes, als den Hund im Nahbereich, also aus etwa fünf bis zehn Metern Entfernung, heranzurufen. Gut trainiert, endet er nie in einer Litanei, sondern funktioniert reibungslos und ohne Anspannung.

In diesem Buch und auch all unseren Hundekursen stellen wir den kleinen und den großen Rückruf vor. Wir finden keinen der beiden verzichtbar. Doch während uns der große Rückruf mit der Pfeife auf größerer Entfernung und auch in angespannten Situationen hilft, ist der kleine Rückruf unser alltäglicher Begleiter. Mit Sicherheit holen auch Sie Ihren Vierbeiner immer wieder mal zu sich heran, wenn er auf dem Spaziergang frei laufen darf. Umso schöner, wenn der Rückruf dann ohne großes Aufheben und auf Anhieb klappt.

SCHRITT 1: ÜBUNGSAUFBAU

Zunächst müssen Sie ein Wort festlegen. Unsere Empfehlung ist es, einfach den Namen des Hundes zu wählen. Das machen die meisten Hundebesitzer ganz intuitiv, und auch wir beide rufen unsere Hunde mit ihren Namen zu uns heran. Manche haben allerdings die Sorge, den Namen des Vierbeiners auf diese Weise zu belegen. Schließlich wird er auch im Alltag, zu Hause, oft eingesetzt. Unserer Erfahrung nach ist das kein Problem, denn der Vierbeiner ist klug genug, die Situationen passgenau zu analysieren. Voraussetzung ist natürlich, dass der Hund seinen Namen kennt. Wer davon noch nicht überzeugt ist, schaut am besten noch einmal in den Infokasten über das Namenstraining (siehe Seite 154).

Möchten Sie hingegen lieber ein anderes Wort verwenden, können Sie sich natürlich völlig frei entscheiden. Häufig gewählt werden etwa gut rufbare Signale, wie »Hier« oder »Zu mir«.

› Zum Start der Übung trägt der Hund sein Geschirr und die Trainingsleine, und Sie halten genügend Futter in der Tasche bereit. Gehen Sie nun ein paar Schritte mit Ihrem Hund. Dann sprechen Sie ihn mit seinem Namen an (1). Dreht er sich zu Ihnen um, nehmen Sie eine einladende Körperhaltung ein, gehen in die Hocke, breiten die Arme aus und loben ihn verbal. Kommt er bei Ihnen an, gibt es Futter, und Sie lösen auf.

› Wenn Ihr Vierbeiner weder von allein auf Sie zuläuft noch Ihnen seine Aufmerksamkeit schenkt, kommt die Trainingsleine zum Einsatz. Allerdings ziehen Sie nicht richtig an ihr, sondern zuppeln nur daran – aber permanent, sodass es dem Hund so richtig auf die Nerven geht (2). Diese Handlung wäre bei uns Menschen ein Zupfen am Ärmel oder ein Schultertippen.

› Irgendwann dreht sich der Hund um und wirft uns meist einen genervten Blick zu. Diese Aufmerksamkeit markern Sie durch Lob. Kommt der Hund noch immer nicht zu Ihnen, angeln Sie ihn nun über die Leine zu sich heran (3). Jetzt gibt es allerdings nichts zu loben. Stattdessen wiederholen Sie die Übung gleich wieder.

› Erst wenn der Hund von allein zu Ihnen läuft, bestätigen Sie dieses erwünschte Verhalten mit Leckerchen (4).

› Wiederholen Sie den Schritt so lange, bis Ihr Vierbeiner zuverlässig zu Ihnen kommt (5).

SCHRITT 2: ÜBEN MIT ABLENKUNG

Sobald der Hund den kleinen Rückruf verstanden hat, üben Sie mit Ablenkungen, beispielsweise einem am Hund vorbeirollenden Ball oder einem Jogger, der passiert. Wenn es dieses Mal nicht klappt, ist das sogar sehr gut, denn Korrekturen führen zu einem tieferen Verständnis. Durch sie können Sie etwas verdeutlichen, und das ist für das Lernen oft gar nicht so schlecht.

› Der Hund wird also gerufen, aber der rollende Ball oder der von uns dazugebetene Jogger sind interessanter. Der Vierbeiner kommt nicht,

1

2

3

GUT ZU WISSEN: NAMENSTRAINING

Wenn Ihr Hund seinen Namen noch nicht kennt oder nicht zuverlässig darauf reagiert, Sie diesen aber als Signal für den kleinen Rückruf verwenden möchten, dann nehmen Sie sich zunächst ein paar Tage Zeit für das Namenstraining, bevor Sie in die Übung des kleinen Rückrufs einsteigen. Und so geht's:

Nehmen Sie 10 bis 20 Leckerchen und stellen Sie sich vor Ihren Hund. Rufen Sie seinen Namen und geben Sie ihm unmittelbar danach ein Leckerchen aus Ihrer Hand. Auch wenn es Ihnen komisch vorkommt, rufen Sie den Namen ruhig etwas lauter. So gestaltet sich die Vorbereitung auf den kleinen Rückruf besonders realistisch.

Wiederholen Sie dies mehrmals täglich zwei bis fünf Tage lang. Ziehen Sie die Leckerchen vom Futter ab oder verwenden Sie einfach direkt das Trockenfutter als Belohnung. Danach beginnen Sie mit den Trainingsschritten für den kleinen Rückruf.

Achten Sie darauf, dass Sie den Namen des Hundes nicht außerhalb der Übungen verwenden. So lernt Ihr Vierbeiner, dass sein Name immer eine Bedeutung hat. Wir empfehlen, für die Ansprache außerhalb des Trainings einen Spitznamen oder aber Lockgeräusche zu verwenden.

und wir korrigieren ihn durch unser Störgeräusch (siehe Seite 106). Kommt er immer noch nicht zu Ihnen, gehen Sie auf ihn zu und setzen Sie das Kommando durch, indem Sie den Hund über die Leine zu sich ziehen.

› Das wiederholen Sie gleich noch einmal, mit demselben Reiz und derselben Anforderung. Der Hund begreift über die vorhergegangene Korrektur, dass sein Kommen unabdingbar ist. Kommt er von allein, wird er umso herzlicher begrüßt und reichlich mit Futter belohnt.

› Unser Tipp: Üben Sie den kleinen Rückruf überall und möglichst häufig.

SCHRITT 3: DER ALLTAG

Sie haben die Schritte nun alle mehrfach wiederholt und integriert. Nun verzichten Sie auf die Managementmaßnahmen. Der Hund braucht keine Leine mehr, und Sie schleichen die Belohnungen langsam aus. Ihr Liebling hat durch die vielen Übungen seinen Namen und das Rufen positiv abgespeichert und reagiert zuverlässig.

WENN'S MAL NICHT KLAPPT

Achten Sie auf einen sauberen Aufbau! Verwenden Sie das Signal für den kleinen Rückruf nur im Trainingskontext bzw. nur dann, wenn Sie sich sicher sind, dass Sie sich hundertprozentig durchsetzen können. Rufen Sie kein zweites oder drittes Mal und belohnen Sie nur, wenn Ihr Hund unmittelbar beim ersten Rufen reagiert. So vermeiden Sie, dass der Rückruf unverbindlich für Ihren Hund wird.

TYPGERECHTES HUNDETRAINING

Zu welchem Typ gehört Ihr Hund? Hier bekommen Sie ein paar wichtige Tipps.

Tipps für Draufgänger

Beim Draufgänger werden Sie wohl nur wenige Wiederholungen brauchen, um das Signal positiv zu verknüpfen. Da er sehr empfänglich für Außenreize ist, achten Sie beim Training genau darauf, ob es gerade sinnvoll ist, ihn zu rufen, bzw. ob Sie schon in der Lage sind, den Rückruf in der jeweiligen Situation einzufordern.

Tipps für Sturköpfe

Wenn der Sturkopf nicht zu Ihnen kommt, ist es häufiger ein »nicht wollen« als ein »nicht können«. Machen Sie ihm nach der ersten anlernenden Phase schnell klar, dass dieses »nicht wollen« keine Option ist!

Tipps für Sensible

Achten Sie besonders auf Ihre Körpersprache, wenn Ihr Hund zu Ihnen kommen soll! Machen Sie sich klein oder stellen Sie sich seitlich hin. So hat auch der sensible Vierbeiner keine Scheu, direkt auf Sie zuzulaufen.

Tipps für Gemütliche

Motivation ist alles! Wenn die Belohnung richtig toll ist, kann auch der Gemütliche schnell werden. Beim kleinen Rückruf entscheidet zum Glück aber weniger das Tempo über den Erfolg als das zuverlässige und direkte Zurückkommen zu Ihnen.

ÜBUNG

DER GROSSE RÜCKRUF

Der große Rückruf ist das Ass in unserem Ärmel – die absolute Gewähr, die uns im Alltag die totale Sicherheit gibt und das Selbstbewusstsein: Ich schaffe es so gut wie immer und überall, meinen Hund zurück an meine Seite zu rufen – komme, was wolle!

EIN GROSSES VERSPRECHEN

Jedem Hundefreund und -kenner ist bewusst, wie groß dieses Versprechen ist, denn es gibt so viele Situationen, die Hunde wie magisch anziehen: eine Kaninchenfährte, ein Spielgenosse auf der anderen Straßenseite, Wild auf der Wiese ...

Doch wir kennen eine zuverlässige Methode, um Ihren vierbeinigen Liebling aus fast jeder Situation zurückzurufen. Seit Jahren arbeiten wir an diesem Training und haben es immer weiter präzisiert, um genau dieses große Versprechen halten zu können. Entscheidend dafür ist der saubere und kleinschrittige Aufbau. Wer die absolute Sicherheit haben möchte, sollte also Zeit investieren und tatsächlich Schritt für Schritt arbeiten. Je mehr Geduld und Intensität in das Training gesteckt werden, desto zuverlässiger funktioniert dann schließlich der große Rückruf.

SCHRITT 1: DIE VORBEREITUNG

› Sie starten zunächst ohne Hund an Ihrer Seite, damit Sie lernen, direkt beim ersten Training selbstsicher und präzise aufzutreten. Der erste Eindruck zählt – das gilt bei Hunden vielleicht sogar noch mehr als bei Menschen. Als Erstes müssen Sie ein Superleckerchen wählen. Was frisst Ihr Vierbeiner am allerliebsten und ist gleichzeitig schön handlich? Unserer Erfahrung nach eignet sich ein Stück Wurst oder Käse am besten (1). Bei Hunden, die Futter gar nicht so zugeneigt sind, kann auch ein Spielzeug gewählt werden. Ein Football eignet sich sehr gut, denn er ist einfach zu werfen und imitiert beim Aufspringen die Bewegungen eines flüchtenden Beutetiers, was den Jagdinstinkt zusätzlich weckt.

› Bewaffnet mit Superleckerchen oder Spielzeug üben Sie nun den perfekten Wurf. Stellen

Sie sich seitlich hin, damit Sie möglichst viel Dynamik im Wurf haben, und strecken Sie die Hand mit der Belohnung in die Luft. Dann ziehen Sie den Arm im großen Bogen hinunter und werfen die Belohnung wenige Meter über den Boden auf die Wiese oder den Weg (2). Wer sich schwertut, kann sich eine Bowlingbahn vorstellen. Der Arm ist in der Luft, Sie ziehen ihn nach unten und werfen die Kugel, also die Belohnung, auf die Kegel zu.

1

SCHRITT 2: DIE MISCHUNG MACHT DEN SPASS

› Nun kommt der Hauptdarsteller hinzu: Sie führen dem Hund Ihren erprobten Wurf vor. Spielen Sie Ihren Vierbeiner leicht an, ziehen Sie den Arm mit der Belohnung in die Luft und werfen Sie diese dann dynamisch auf den Boden (3).

› Bei Hunden und vor allem Welpen, denen das Fokussieren noch schwerfällt, sollten Sie nicht zu weit werfen, sonst bekommen sie die Landung der Belohnung vielleicht gar nicht mit. Nun ist der Hund mit der Situation vertraut und angefixt: Spielen und Fressen, diese Kombination prägt sich sofort als freudvoll und lecker ein.

2

SCHRITT 3: DIE SUCHE NACH DEM SIGNAL

› Die Vorbereitungen sind abgeschlossen. Nun gilt es, das Signal zu finden, das genau mit dem zuvor geübten Spaß verknüpft werden soll. Wir haben wirklich viel ausprobiert. Ein Wort, ein Geräusch – was eignet sich für den großen Rückruf am besten? Wortsignale (»Zu mir«, »Hier« oder der Name des Hundes) funktionieren durchaus gut. Ihr Nachteil: Wir sprechen sie selten gleich aus – und gerade in stressigen Situationen, für die der große Rückruf gemacht ist, neigen wir dazu, sie lang zu ziehen und in ihrem

3

Ton zu verändern. Außerdem spricht jeder Mensch anders. Der Erfolg ist somit limitiert, individuell und nicht auf unterschiedliche Personen generell übertragbar. Aus diesem Grund empfehlen wir eine Hundepfeife. Sie setzt sich von anderen Signalen im Alltag deutlich ab, was den großen Rückruf auch noch einmal in seiner Bedeutung bei Ihrem Vierbeiner herausstellt. Ihr Klang ist absolut emotionsfrei, und jeder, der mit dem Hund spazieren geht, kann die Pfeife bei sich führen. Es gibt also sogar Sicherheit to go.

SCHRITT 4: SIGNAL VERKNÜPFEN

› Mit Pfeife und Superleckerchen bewaffnet, beginnen Sie nun das praktische Training. Spielen Sie den Hund leicht mit der Belohnung an, stellen Sie sich dabei dynamisch hin und ziehen Sie die Hand mit der Belohnung in die Luft.

› In diesem Augenblick frieren Sie für ein, zwei Sekunden ein, als würde genau in diesem Moment ein Foto von Ihnen geschossen werden (4).

› Erst dann pfeifen Sie, lassen den Arm im Bogen zu Boden gleiten und werfen die Belohnung.

› Die Übung schließt damit, dass Sie den Hund zu sich zurückholen, indem Sie in die Knie gehen, ihn einladen, ihn noch einmal belohnen und das Signal sichtbar auflösen.

› Die Abfolge ist also: Spannung, Signal, Wurf, einladen, auflösen – hier kommt einiges zusammen. Gerade deshalb müssen Sie dringend auf klare Präzision achten: Unmittelbar nach dem Pfiff kommt der Wurf. Nur so stellen Sie die erwünschte Verknüpfung her. Wer klar arbeitet, hat hier übrigens ziemlich schnell einen stark fixierten Hund vor sich. Die Spannung, die Erwartungshaltung und die Freude schaffen für den Vierbeiner magische Momente – der sichere große Rückruf ist nicht mehr in weiter Entfernung.

SCHRITT 5: DIE STARTBOXÜBUNG

› Sie geben alles, um genau dieses Gefühl auf die Spitze zu treiben, und schließen die Startboxübung an. Dazu brauchen Sie eine zweite Person, die Ihr Liebling am besten bereits gut kennt. Bei Hunden, die sehr sensibel sind und ungern fixiert werden, kann dieser Schritt wegfallen.

› Bei der Startboxübung hält Ihre Hilfsperson den Hund am Halsband oder Geschirr fest, während Sie sich ein paar Meter entfernen. Bleiben Sie stehen, pfeifen Sie (5), rennen Sie dann noch ein paar weitere Meter von Ihrem Hund weg, ziehen Sie dabei den Arm in die Luft und werfen Sie die Belohnung.

› Ihre Hilfsperson lässt den Hund genau in dem Moment des Pfiffes los – und Ihr Vierbeiner sprintet noch schneller, noch dynamischer zu Ihnen hin (6).

› Der Rest verläuft wie schon zuvor: Ihr Hund schnappt sich seine Belohnung, Sie laden ihn zu sich ein und belohnen ihn noch einmal, um die Übung dann deutlich aufzulösen. Durch die kurze Fixierung pushen Sie das Signal noch einmal mehr. Der Effekt des Pfiffes wird zusätzlich gesteigert, und Ihr Vierbeiner hat eine noch stärkere Assoziation zum Signal hergestellt.

SCHRITT 6: DIE GENERALPROBE

Viele kleine Schritte sind Sie gegangen, haben zahlreiche Wiederholungen absolviert. Nun wollen Sie es wissen: Hat das Training gefruchtet?

› Für den ultimativen Test bewaffnen Sie sich mit dem Superleckerchen. Dieses Mal spielen Sie den Hund aber nicht an, sodass er keine Trainingssituation wahrnimmt. Vielmehr läuft er frei, ist leicht abgelenkt und einige Meter von Ihnen entfernt.

› Dann plötzlich starten Sie die Übung: Sie pfeifen (7), Ihr Vierbeiner schaut bei dem vertrauten Geräusch auf, und genau das ist Ihr Moment. Sie rennen los – vom Hund weg (8) –, ziehen den Arm hoch, wenn Ihr Liebling noch drei bis vier Meter von Ihnen entfernt ist, und werfen die Belohnung wie gehabt.

› Auch wenn dieser Schritt sich gar nicht so stark von den anderen Trainingseinheiten zu unterscheiden scheint, kommt hier eine enorme Leistung hinzu. Denn Ihr Vierbeiner muss zum ersten Mal selbst überlegen, welches Verhalten in diesem Augenblick abgerufen werden soll. Er wird nicht vorher angespielt, er hat auch nicht bereits im Vorfeld das Leckerchen gerochen, sondern er wird ganz unerwartet aus seiner aktuellen Situation geholt. Funktioniert der Rückruf so prompt, ist die Idee aufgegangen, und der Hund hat sich die Pfeife als absolutes, unmittelbares Signal eingeprägt (9).

5

6

7

SCHRITT 7: AUSSCHLEICHEN

Beginnen Sie damit, die Hilfen abzubauen. So erreichen Sie beim Hund einen Effekt, den wir von Menschen mit Spielsucht kennen: Kommt der Gewinn oder kommt er nicht? Die Belohnungen werden weniger, die Anziehungskraft wird stärker. So dramatisch der Effekt bei Menschen ist, so nützlich wirkt er sich in der Hundeerziehung aus.

› Entfernen Sie sich und pfeifen Sie. Anstatt Ihren Ablauf abzuspulen, warten Sie auf einen Moment, in dem der Hund etwas abgelenkt ist. Der Prozess der Belohnung soll nun eben nicht automatisch und sofort eintreffen. Haben Sie die Schritte vorher sauber und oft trainiert, startet der Hund dennoch los. Nach dem Moment des Innehaltens läuft alles wie zuvor ab: Arm in die Luft, Wurf, Hund zu sich holen, auflösen. Klappt alles? Dann können Sie die Ablenkung steigern.

SCHRITT 8: JAGEN ODER FRESSEN?

Als Nächstes wollen Sie es nun wirklich wissen und fügen den Superreiz schlechthin hinzu. Dafür wählen Sie ein Spielzeug aus, das den Jagdinstinkt Ihres Hundes weckt. Dieses Spielzeug nehmen Sie in die Hand. Und da das Jagdverhalten in unseren Vierbeinern so stark verwurzelt ist, brauchen Sie auch dieses Mal eine zweite Person, die Ihren Liebling zur Not vom Ergreifen des Spielzeugs abhalten kann.

› Sie halten also ein Superleckerchen und ein Spielzeug in der Hand. Die Pfeife ist parat, Ihre Hilfsperson steht in der Nähe. Nun werfen Sie das Spielzeug in Richtung der Hilfsperson und pfeifen kurz danach (10). Der Hund läuft zunächst dem Spielzeug hinterher – und muss nun während des Jagens ablassen, umkehren und dem Pfiff folgen (11). Eine wahrhaft mächtige

8

9

Herausforderung für einen Hund! Unterbricht er die Jagd nicht, sollte die zweite, sehr flinke Person das Spielzeug schnell fangen, denn Ihr Vierbeiner sollte sich auf keinen Fall selbst durch Erlangen des Spielzeugs belohnen.

› Anfangs sollten Sie direkt nach dem Wurf pfeifen. Wenn das klappt, können Sie den Pfiff etwas herauszögern und den Hund in seiner Abwendung des Triebes stärker fördern.

› Ist keine zweite Person zur Stelle, können Sie an einem Zaun trainieren und das Spielzeug über die Abgrenzung werfen. Auch so haben Sie die Sicherheit, dass Ihr Hund es nicht schnappt.

SCHRITT 9: DAS ECHTE LEBEN

Haben Sie die Schritte 1 bis 9 absolviert, geht es an das Generalisieren. Das bedeutet nichts anderes als weiter üben – immer wieder und überall. Lassen Sie dabei das Kommando aber nicht verschleißen, sondern bleiben Sie unbedingt äußerst präzise. Dann haben Sie gemeinsam mit Ihrem Hund genau die größtmögliche Sicherheit entwickelt, die uns als Trainer bekannt ist.

Seien Sie sich grundsätzlich der Wirkung der Pfeife bewusst und lassen Sie nicht zu, dass sie ohne Bezug zum Einsatz kommt. Es ist das Ass in Ihrem Ärmel, der absolute Schlüssel zu Ihrem vierbeinigen Liebling in der Außenwelt.

Wir finden immer noch, dass es sich nahezu triumphal anfühlt, eine solche Sicherheit auf unseren Spaziergängen dabeizuhaben. Das Schöne an unserem Beruf und im Alltag eines jeden Hundefreunds ist: Wer klug und mit Herz trainiert, wird mit wirklich schönen Momenten belohnt. Und so schön und losgelöst sollte sich ab sofort jeder Spaziergang anfühlen.

4

GLÜCK MIT HUND

Am Ende geht es ums Glück. Tatsächlich ist die Entscheidung für einen Hund eine Entscheidung, ein bestimmtes Glück im Leben erfahren zu wollen, vielleicht sogar einen neuen Sinn. Gemeinsam mit dem Hund eine glückliche Zeit zu haben und gleichzeitig in unserer urbanen Gesellschaft ein gutes Bild abzugeben, darum geht es in diesem Kapitel.

BENIMMREGELN FÜR HUND UND MENSCH

In diesem Kapitel werden wir missionarisch, denn der Hundeknigge bewegt uns enorm. Kein Wunder, wir lieben Hunde und sind fest davon überzeugt, dass sie diese Welt bunter, lustiger, süßer, kuscheliger, empathischer – einfach besser – machen.

Dass Hunde eine Bereicherung sind, für diese Überzeugung möchten wir herzlich gern einstehen. Vor allem aber streben wir an, dass auch die Menschen, die keinen Vierbeiner zu Hause haben, zu Hundefans werden – und sich vor allem nicht von Hunden gestört fühlen.

Tatsächlich ist es so, dass der Ruf unserer Lieblingstiere nicht so gut ist, wie er sein könnte. Leider bricht eine kleine Zahl von Hundehaltern mit den für uns so wichtigen Regeln – und bedauerlicherweise ist es nun einmal so, dass ein einzelner Vierbeiner oder seine Hinterlassenschaft auf alle anderen wohlerzogenen Hunde und ihre Halter ausstrahlt. Die Auswirkungen kennen wir nur zu gut: böse Blicke, Konflikte und im schlimmsten Fall vielleicht sogar versteckte Giftköder, die die Tiere lebensbedrohend verletzen oder gar töten können. Abgesehen von den schlimmsten Folgen sollte es unser aller Interesse sein, ein respektvolles Miteinander in der eigenen Nachbarschaft und überall sonst zu fördern.

Das bedeutet übrigens nicht, dass Hunde wie Maschinen funktionieren müssen. Auch uns passieren hin und wieder mal Missgeschicke, stoßen wir mal eine volle Tasse Kaffee um. Natürlich gelingt es auch unseren Hunden und uns nicht immer, jede Form von Ärgernis zu vermeiden. Niemand ist perfekt, kein Mensch, kein Tier – und das ist gut so. Nur wer sich entschuldigen kann, löst in den meisten Fällen die Situation auf und schafft Verständnis statt Entrüstung. Wir hoffen, Sie haben unser Anliegen verstanden und vor allem Lust, mitzuwirken. Machen wir unsere Hunde zu Botschaftern ihrer wundervollen Art.

ICH GLAUB, DER MUSS MAL ...

Natürlich müssen Hunde sich entleeren, und das tun sie nun einmal nicht zu Hause, auf einem Katzenklo, sondern draußen vor der Tür. Aber wo genau, darauf haben wir einen starken Einfluss. Machen wir uns die Lage noch einmal bewusst: So süß unsere Hunde auch sind, ihr Kot stinkt fürchterlich und ist unter Schuhen und an Reifen von Kinderwagen oder Fahrrädern ein echter Graus. Er sollte also eingesammelt werden. Und ja, das gilt immer und überall. Damit keine Hundehaufen mehr die Wegesränder säumen, bieten viele Kommunen sogar gratis Kotbeutel im Rathaus oder an speziellen Tütenspendern an – Reinlichkeit zum Nulltarif.

Aber auch wenn man die Hundekotbeutel im Geschäft bezahlen muss, bedeutet das keinen großen Aufwand, sie zu kaufen und die Haufen des geliebten Vierbeiners einzutüten und im nächstgelegenen Mülleimer oder in der hauseigenen Restmülltonne zu entsorgen.

Wie groß dieses Thema ist, zeigt in diesem Jahr eine Gesetzesänderung in Südtirol, wo Hundebesitzer für liegen gelassenen Hundekot via DNA-Test identifiziert und zur Strafe herangezogen werden.

UNSER TIPP

Wenn wir schon so offen über das Eintüten von Hundehaufen sprechen, stellt sich die Frage: Wo hinein am besten? Wir schätzen den nachhaltigen Gedanken kompostierbarer Kotbeutel. Auch das gehört für uns zu verantwortungsbewusster Hundehaltung dazu. Achten Sie auf die Unterschiede: Nicht jeder Kotbeutel ist unter gleichen Bedingungen abbaubar.

Übrigens ist es natürlich nicht nur damit getan, den Kot fein säuberlich mit der Tüte einzusammeln. Für uns ist es der allergrößte Unsinn, wenn die Hinterlassenschaft zwar schön eingetütet, dann aber achtlos in den Wald geworfen, schamhaft unter einem Gebüsch oder ganz dreist am Wegesrand abgelegt wird. Wer kommt denn da vorbei und räumt das weg?

Da wir auf unseren Spaziergängen Unmengen an Hundekot sehen, möchten wir es noch einmal in aller Deutlichkeit in die Welt senden: Hundehaufen gehören eingesammelt und entsorgt. Das ist für den Hundehalter keine Kür, sondern eine eiserne Pflicht.

MARKIER MAL SCHÖN ...

Selbst Hundehalter, die penibel den Kot aufsammeln, schenken den Stromkästen, Mauern und Laternen, die sich im unteren Bereich dunkel färben, häufig keine Beachtung. Die leidigen Pinkelstellen ... und so hat fast jedes Hindernis auf den Spazierwegen das Zeug, zum uringetränkten Markierort zu werden.

Viele Hundebesitzer sehen es erstaunlich gelassen, wenn ihr Rüde an den Straßenecken markiert. Sie müssen eben mal – und zwar dringend und sofort! Doch genau das ist nachgewiesenermaßen eine falsche Annahme. Auch Rüden können einhalten. Vielmehr ist das ständige Erleichtern ein Wollen: Der Wunsch, ihr Revier zu markieren, ist in unseren Hunden tief verwurzelt.

Der Irrglaube vom Vierbeiner, der geradezu zwanghaft muss, ist weitverbreitet. Und so haben wir schon oft beobachtet, wie Hundehalter ihre Rüden seelenruhig an Autoreifen, abgestellten Fahrrädern, Mülltonnen oder Müllsäcken pinkeln lassen. Auch die Gegenstände in der Hundeschule, wie Stühle, Pylonen oder Agilitytunnel, werden ohne Reue und schlechtes Gewissen bepinkelt. Wenn wir unsere Kunden darauf ansprechen, begegnet uns diese Überzeugung: Der Hund könne nun einmal nicht anders, deshalb könne auch der Mensch nichts dagegen tun.

Viele Rüden markieren nahezu alles – sofern ihr Besitzer es zulässt. Wir finden, das ist ein No-Go!

Gerade an unübersichtlichen Stellen gehört der Hund in unseren unmittelbaren Einflussbereich.

Selbstverständlich kann der Hund sich beherrschen, und der Mensch kann genau das von ihm einfordern. Wir können unserem Tier klar untersagen, an öffentliche Orte zu machen. Und wer den Hund (noch) nicht entsprechend erzogen hat, kann ihn schlichtweg über die Leine als Managementmaßnahme von den Tabuzonen fernhalten. Und siehe da: Schon ist die Welt viel sauberer – und vielleicht durch gutes Benehmen auch ein wenig hundefreundlicher.

Sind Sie im Wald, im Park oder am Feld angekommen, darf auch Ihr Rüde endlich »laufen lassen«. Büsche, Sträucher, Bäume und Wiesen im öffentlichen Raum sind geeignete Hundetoiletten und -markierstellen. Selbstverständlich werden Kothaufen auch hier eingesammelt und in einem geeigneten Mülleimer entlang des Wegs oder im Restmüll zu Hause entsorgt.

KEINE SORGE, DER TUT NICHTS, DER IST GANZ LIEB …

Jeder kennt diese Situation: Sie gehen spazieren, kommen vom Einkaufen, sind in Gedanken – und plötzlich taucht ein Hund vor Ihnen auf. Und ein Mensch ist nicht in Sicht. Der kommt erst viel später, manchmal gehetzt, oft entspannt, mal mit, mal ohne Entschuldigung. Aber häufig mit einem Satz wie diesem auf den Lippen: »Das ist ein ganz Lieber – der will nur Hallo sagen.«

Egal, wie freundlich der Vierbeiner auch sein mag, es ist und bleibt unangenehm bis angsteinflößend, wenn urplötzlich ein Tier vor einem auftaucht. Denn für den betroffenen Menschen ist der Hund in erster Linie vor allem eins: fremd und überhaupt nicht einschätzbar. Gerade beim Joggen und Fahrradfahren fürchtet man solche Hundebegegnungen, denn natürlich gibt es auch

Ein guter Rückruf gehört zu einer gelungenen Erziehung dazu und erspart unangenehme Situationen.

Hunde, die durch die Schnelligkeit der Bewegung ins Jagdverhalten kippen, mitlaufen und an die Beine oder zwischen die Räder springen.

Deshalb lautet eine Regel unseres Hundeknigges: Der Vierbeiner sollte sich stets in unserem Einflussbereich aufhalten, keine Kurve allein erkunden und nicht unerlaubt und ungefragt auf andere zustürmen. Bei jeder Begegnung, egal ob Kind oder Erwachsener, ist es unsere Aufgabe, den eigenen Hund in den unmittelbaren Einwirkungsbereich zu rufen, anzuleinen, deutlich bei Fuß zu führen oder am Wegesrand Sitz oder Platz machen zu lassen.

Dasselbe gilt bei Begegnungen mit anderen Hunden. Erst wenn einem die Hundebegegnung sympathisch und friedlich erscheint, kann man natürlich nach kurzem Abfragen einen Kontakt herstellen. Am liebsten natürlich ohne Leine!

Sollte die Situation nur einen Kontakt an der Leine erlauben, ist auf ein gutes Leinenhandling zu achten. Die Leinen sollten dabei hoch und locker gehalten werden, sodass keine Spannung aufkommt und die Hunde sich möglichst ungehindert begrüßen können. Ein Spiel zwischen zwei angeleinten Hunden ist allerdings nur sehr schwer möglich.

Finden selbst wir als Hundetrainer nicht schön: dreckige Pfötchen auf sauberen Klamotten.

NICHT SPRINGEN!

Für uns ist es ein absolutes No-Go – egal, wie freudig es auch gemeint sein mag: das Anspringen von Besuchern, Postboten und jedem anderen Menschen, der an der Haustür klingelt. Und doch beobachten wir es regelmäßig. Besuch kommt, und der Hund ist der Erste, der ihn begrüßt, fiepsend-fröhlich an den Beinen hochspringt und kaum noch zu bändigen ist.

Als Hundetrainer sind wir das natürlich gewohnt und bei Hausbesuchen genau auf diese Begrüßung eingestellt. Aber es ist unsere Aufgabe, Hund und vor allem Mensch dafür zu sensibilisieren, dass nicht alle Besucher dieser Form der Begrüßung entspannt entgegensehen und eben keine Abdrücke von schmutzigen Hundepfoten auf ihrer Kleidung haben wollen.

Wir sind überzeugt, dass jeder Hundebesitzer in der Lage sein sollte, den Vierbeiner auf seinen Platz zu schicken, um in Ruhe und ohne ihn die Haus- oder Wohnungstür zu öffnen. Denn in der Regel ist der Besuch nicht für den Hund, sondern für den Menschen gekommen und möchte sich auch auf diesen fokussieren können.

BENEHMEN LOHNT SICH

Ein gut erzogener Hund bringt Ihnen viele Komplimente ein und sorgt für angenehme Begegnungen. Es ist also durchaus lohnenswert, Zeit und Mühe in die Erziehung des Vierbeiners zu investieren und dabei auch andere Menschen nicht aus den Augen zu verlieren. Denn Sie und Ihr Hund können so problemlos an sozialen Aktivitäten teilnehmen, wie Picknicks im Park oder Treffen mit anderen Menschen und Hunden, ohne unangenehm aufzufallen. Ein gut erzogener Hund ermöglicht Ihnen mehr Freiheit und Flexibilität im Alltag, da Sie ihn überallhin mitnehmen können, ohne sich sorgen zu müssen.

Die Erziehung eines Hundes lehrt Sie außerdem Verantwortungsbewusstsein und Konsequenz im Umgang mit einem Lebewesen. Und das wirkt sich auch positiv auf andere Bereiche Ihres Lebens aus. Und so bringt ein gut erzogener Hund nicht nur Freude und Spaß, sondern auch viele praktische Vorteile im täglichen Zusammenleben. Es lohnt sich also definitiv, Zeit in die Erziehung Ihres Vierbeiners zu investieren.

Disziplin und Benehmen lohnen sich. Ohne Konflikte machen Spaziergänge viel mehr Freude.

UNSER TIPP

Mitdenken ist gar nicht schwer!
Gutes Benehmen – eigentlich ist es gar nicht so schwierig. Es beginnt mit ein paar Gedanken, die wir uns als Hundefreunde einmal machen sollten. Wo ist mein Vierbeiner willkommen? Was könnte andere an ihm stören? Wodurch könnten sie sich belästigt fühlen? Wenn wir die Welt und andere Menschen ein wenig in unsere Gedanken miteinbeziehen, dann ist Rücksicht ganz leicht und eigentlich schon selbstverständlich. Außerdem – das merken wir sehr häufig – sind dann die Begegnungen in unserem Alltag wesentlich netter und freundlicher. Wer möchte nicht viel lieber positiv gestimmten statt verärgerten Mitmenschen begegnen? In den meisten Fällen liegt es zum Glück in unserer Hand.

DEN HUND SINNVOLL AUSLASTEN

Wer in seinem Leben mit Hund die Offenbarung gefunden hat, kann die Freude noch weiter ausbauen, denn Hundesportarten bringen ein echtes Plus an Spaß und Auslastung. Wir stellen vier Sportarten vor – vielleicht wird ja eine Ihre neue Leidenschaft.

Einen Hund zu halten, bedeutet auch, seinen Bedürfnissen gerecht zu werden. Wir sind der klaren Meinung, dass Erziehung und Führung genauso zu den Grundbedürfnissen eines Hundes gehören wie geistige und körperliche Auslastung sowie Beschäftigung. Über die täglichen Gassirunden und das Training verschiedener Kommandos hinaus gibt es noch weitere Aktivitäten, die Sie mit Ihrem Vierbeiner entdecken können.

Ein ausgelasteter Hund ist in der Regel ausgeglichener und weniger anfällig für Verhaltensprobleme. Durch körperliche Bewegung und geistige Beschäftigung baut Ihr Liebling Stress ab und findet einfacher in die Entspannung. Gemeinsame Aktivitäten und Hundesport stärken zudem die Bindung zwischen Ihnen und Ihrem Vierbeiner. Indem Sie Qualitätszeit mit ihm verbringen und sich intensiv miteinander beschäftigen, bauen Sie eine noch engere Beziehung auf.

IMMER DER NASE NACH – MANTRAILING

Für manche ist es ein Beruf, für andere nur ein Hobby, doch für alle, die es betreiben, ist es pure Leidenschaft. Hunde lieben es. Und wenn ihr Besitzer ebenfalls Freude daran findet, haben Mensch und Hund eine auslastende und freudebringende gemeinsame Aktivität gefunden.

Die Rede ist vom Mantrailing, der Suche von Hunden nach Personen. Beim Mantrailing wird ein Pfad, der sogenannte Trail, gelegt. Er ist vollkommen unsichtbar, denn er besteht nur aus einer für uns Menschen nicht wahrnehmbaren Geruchsspur der vermeintlich vermissten Person. (Jeder Mensch verliert ständig Hautschuppen, die zu Boden fallen und dort eine Art Duftspur bilden.) Der Vierbeiner muss nun dieser unsichtbaren Spur folgen und so die gesuchte Person auffinden. Sein einziger Anhaltspunkt dabei kann ein Kleidungsstück sein, ein Gegenstand, den der Mensch am Körper getragen hat, oder auch nur der Ort, an dem sich die gesuchte Person zuletzt aufgehalten hat.

Hunde, die im Mantrailing ausgebildet sind, haben das Zeug, Leben zu retten. Bei der Polizei oder im Rettungsdienst leisten sie eine unverzichtbare Arbeit, zu der weder Mensch noch Technik fähig wären. Aber auch als Freizeitsport findet Mantrailing eine immer größere Verbreitung, denn das Training fordert Hund und Mensch geistig und körperlich heraus. Dazu wachsen das gegenseitige Verständnis und die Beziehung zwischen den Teams immens. Sich gegenseitig zu verstehen, zuzuhören, zu folgen und zu vertrauen – all diese Ebenen sind für Mantrailing unerlässlich.

Geeignet ist dieses wunderschöne Hobby für jedes Hund-Mensch-Team, das Herausforderungen liebt und Freude an körperlicher Aktivität hat. Manche Hunderassen sind geborene Spürnasen. Labradore, Bloodhounds, Schäferhunde

Eine Hundenase nimmt Fährte auf – in den richtigen Bahnen eine wunderbare Beschäftigung.

und verschiedene Jagdhunderassen sind prädestiniert für die Arbeit mit der Nase. Aber auch jeder andere Vierbeiner, der Freude am Schnuppern hat, kann sich im Mantrailing probieren und über dieses Hobby zu einem echten Spürhund werden. Denn eines ist klar: Jeder von ihnen riecht um einiges besser als wir Menschen.

Das Schönste beim Mantrailing ist übrigens immer das Happy End. Die Freude am Finden und die Belohnung lässt die Hunde vor Freude fast explodieren und zaubert jedem Beobachter ein riesengroßes Lächeln ins Gesicht.

Alternative Pettrailing

Eine spannende Nische dieser Hundesportart ist das sogenannte Pettrailing. Dabei suchen die Hunde keine Personen, sondern andere Haustiere. Es gibt spezielle Organisationen, die sich auf das Pettrailing – das Auffinden eines entlaufenen Haustiers – spezialisiert haben. Auch ihre Arbeit kann übrigens lebensrettend sein. Denn wenn ein Hund entlaufen ist, kann sein Artgenosse ihn finden und macht damit sowohl den eigenen Halter als auch den Besitzer des vermissten Hundes glücklich. Das Prinzip ist dabei das Gleiche wie beim Mantrailing: Die Spur des vermissten Haustiers wird durch den suchenden Hund, also den Pettrailer, verfolgt.

EVA ERZÄHLT:

»Als Casper jünger war, habe ich mit ihm auch eine Weile Mantrailing als Hobby betrieben. Er hatte immer sehr viel Spaß daran, und ich war erstaunt, wie schnell seine Begeisterung zu zuverlässigem Suchen und Finden führte. Irgendwann fehlte leider die Zeit, um dieses Hobby weiter zu betreiben. Auch wenn ich selbst nicht mehr aktiv trainiere, habe ich aber das Glück, meine Begeisterung für Mantrailing weitergeben zu können und in der Hundeschule selbst Mantrailing-Kurse zu leiten. Ich konnte viele Hunde dabei begleiten, wie sie immer besser und motivierter ihre Menschen zu der versteckten Person führten.

Beim Trickdog erhöht sich die Aufmerksamkeit des Vierbeiners enorm.

Alle Hundesportarten haben das Zeug, den Hund auszulasten und wirklich glücklich zu machen.

Casper darf auch heute noch zeigen, dass er es nicht verlernt hat, und sucht regelmäßig im Wald voller Eifer meinen kleinen Sohn, der sich dort liebend gern für seinen Hundekumpel versteckt. Die unfassbare Leistungsfähigkeit von Hundenasen fasziniert mich noch heute beinahe täglich.«

TRICKDOG

Mögen Sie Applaus und ein Gefühl, bei einem großen Auftritt wie in der Manege zu sein? Dann ist Trickdog der richtige Sport für Sie und bestimmt auch für Ihren Hund. Bei Trickdog geht es um Show, um Spiel und ganz viel Spaß.

Bei dieser Sportart erlernen Hunde Kunststücke, die weit über das bekannte Sitz, Platz und Pfötchengeben hinausgehen. Denn Hunde können Handstand, Akrobatik, geschickte Kleinstarbeit mit Pfötchen und Zähnen. Und passionierte Trickdog-Freunde kombinieren diese grob- und feinmotorischen Fähigkeiten zu richtigen Showeinlagen.

Es geht also nicht nur um Geschick, sondern auch um Kreativität und Teamarbeit. Da beim Trickdog ausschließlich mit positiver Verstärkung gearbeitet wird, sind die meisten Hunde schnell große Fans dieses Trainings. Kein Wunder: Lob und Leckerchen gehören genau wie die Herausforderungen unbedingt dazu.

Wir Menschen dürfen bei all dem Spaß jedoch nicht unterschätzen, wie anstrengend Trickdog für Hunde ist. Es fordert Körperbeherrschung und eine starke Konzentration, für die unsere Vierbeiner auch genügend Pausen brauchen. Das Schöne ist: Trickdog zu praktizieren, funktioniert überall, an schönen Tagen auf der Wiese, an Regentagen im Wohnzimmer. Es ist ein herrlicher Zeitvertreib, den man nur für sich genießen oder auch vor großem Publikum vorführen kann. Es gibt Meisterschaften und Turniere – wer also Ehrgeiz hat, kann auf die Bühne gehen, um sich mit anderen Teams zu messen und Applaus zu genießen. Den gibt es aber übrigens auch schon im privaten Kreis. Wer gern mit seinem Hund kleine Tricks und Kniffe einstudiert, kann sie auch in seinen Alltag integrieren. Denn Hunde können nicht nur Show, sondern auch Haushalt. Gegenstände bringen, Türen und Schränke öffnen, aus der Jacke helfen – all das kann so manche Situation erleichtern und unterhaltend gestalten.

Kleine Tricks lassen sich ganz wunderbar in den Alltag integrieren.

ANDRÉ ERZÄHLT:

»Mit meinem ersten Hund Rocky habe ich sehr gern getrickst. Er beherrschte viele Kunststückchen, aber einen Trick liebten alle ganz besonders: Wenn wir Besuch hatten und Rocky aus dem Kasten mit der Schnauze Bier holte und verteilte, dann kamen die Gäste aus dem Staunen nicht mehr heraus. Doch nicht nur auf Partys liebte ich diesen kleinen Trick. Auch nach anstrengenden Tagen auf dem Hundeplatz fand ich es auch als Profi einfach nur cool, dass Rocky mir ein kühles Getränk bringen konnte. Was für ein schöner Job, was für ein cooler Feierabend!«

»Der Diener« ist ein Trick, bei dem sich der Hund verbeugt und den Vorderkörper tief hält.

EVA ERZÄHLT:

»Casper versüßt meinen Alltag. Und ja, manchmal macht er ihn auch einfacher. Wenn ich ihm einen Joghurtbecher zum Ausschlecken gebe, wirft er ihn danach in den Müll. Dafür nimmt er die Verpackung nach dem genüsslichen Ausschlecken vorsichtig zwischen die Vorderzähne, und nachdem ich ihm den Mülleimer geöffnet habe, legt er den leeren Becher zielgerichtet hinein. Auch wenn ich Trickdog nicht aktiv praktiziere, liebe ich es, solche kleinen Tricks in unser Leben zu integrieren. Als Labrador Retriever ist Casper dafür prädestiniert, die verschiedensten Dinge aufzuheben und zu bringen. Das ist nicht nur rassetypisch, sondern auch noch praktisch.

Auch meine Hündin Arielle kennt viele Tricks, die zwar nicht so nützlich, dafür aber unheimlich niedlich sind. So kann sie etwa auf Kommando bellen, sich schlafend stellen, Männchen machen und den Elefantentrick vorführen. Dabei steht sie mit den Vorderbeinen auf einem Höckerchen und umkreist es mit den Hinterbeinen, wie ein Elefant in der Manege.«

AGILITY

Dass Hunde Spaß und Freude bringen, ist kaum so deutlich zu beobachten wie beim Agility (deutsch: Beweglichkeit). Hunde und Menschen, die miteinander kooperieren, Sport treiben, sich amüsieren und gemeinsam als Team funktionieren – ein Besuch beim Agility-Training ist ein echter Hochgenuss. Natürlich haben auch wir es schon ausprobiert und sind dabei ziemlich schnell ins Schwitzen geraten und an unsere Grenzen gestoßen. Deshalb haben wir, um Ihnen diesen Sport näher vorzustellen, mit unserem guten Freund und Kollegen Jan Dießner gesprochen. Er betreibt Agility seit vielen Jahren mit Herzblut. Die erste Lektion, die Jan uns erklärt: »Agility kann sehr anstrengend sein, muss es aber gar nicht. Denn jedes Team bestimmt den Schwierigkeitsgrad selbst.«

Durch unterschiedliche Kombinationen werden Hindernisse beim Agility niemals langweilig.

Sportliche Hunde lieben Agility und wachsen beim Training permanent über sich hinaus.

So funktioniert Agility

Tatsächlich besteht Agility aus verschiedenen Hinderniselementen, die frei zusammengestellt werden. Tunnel, Sprungelemente, Stege, Slalomstangen – all diese Parcoursmodule können individuell angeordnet werden. Ebenso bleibt es dem jeweiligen Hund-Mensch-Team überlassen, wie es sich dem aufgebauten Parcours stellt. Der Mensch kann mehr führen oder den ganzen Parcours mitmachen, er kann sich hinter oder vor seinem Hund oder an dessen Seite befinden. »Gerade das Kreativsein lässt Agility niemals langweilig werden«, betont Jan.

Egal ob Anfänger-, Fortgeschrittenen- oder Profiparcours – entscheidend für den Erfolg ist nicht nur die Fitness, sondern vor allem die Kommunikation zwischen Hund und Mensch. Jan weiß, dass auch hier jedes Team sein eigenes Erfolgsrezept hat. »Manche kommunizieren verbal, andere verstärkt über die Körpersprache. Jedes Team muss seinen Weg finden, wie es sich am besten verständigen kann.«

Hunde lieben Agility, weil es sie auf gleich zwei Ebenen fordert: körperlich und geistig. Denn neben Schnelligkeit und Geschick verlangt Agility vor allem Cleverness. Und genau diese Art der Auslastung kommt bei nahezu allen Vierbeinern gut an und macht Agility als Trendsportart für Hunde und ihre Besitzer so beliebt. »Es gibt immer mehr moderne Hallen mit Kunstrasen, in denen Agility stattfindet, und überdies auch Vereine, die Trainingseinheiten anbieten und Turniere organisieren«, erklärt Jan.

Neben dem Training in solchen Hallen hat für ihn Agility aber gerade auch den zusätzlichen Reiz, dass es quasi niemals nicht möglich ist. Jedes Wohnzimmer, jeder Spaziergang bietet Hindernisse und Möglichkeiten zum Trainieren, weiß Jan aus eigener Erfahrung. »Straßenlaternen, Bäume, Bänke – wer einmal wie ich im Fieber ist, kann Agility überall betreiben und so den Spaß auf den ganzen Alltag ausweiten.«

Huskys, die einen Schlitten ziehen, zeugen von der enormen Kraft und Ausdauer der Hunde.

Jeder Spaziergang hat durch natürliche Hindernisse das Zeug, zum Erlebnis zu werden.

ZUGHUNDESPORT

Ziehen erwünscht – und zwar so richtig mit großer Power! Das Ziehen an der Leine wird von den meisten Hundehaltern im Alltag als störend wahrgenommen. Doch es gibt verschiedene Hundesportarten, bei denen genau dieses Ziehen gewünscht ist. Den Klassiker kennt sicherlich jeder: Eine Meute Huskys zieht einen Schlitten. Das ist der Ursprung des Sports, doch der Zughundesport ist heute noch viel breiter aufgestellt, als man zunächst meint.

Das Ziel ist klar: Der Hund soll an einem extra dafür vorgesehenen Geschirr und einer entsprechenden Leine eine Person oder einen Gegenstand ziehen. Als Freizeitaktivität umfasst diese Hundesportart unterschiedliche Disziplinen.

Canicross

Beim Canicross läuft der Hund vor seinem Menschen und ist über eine flexible Leine mit ihm verbunden. Der Läufer wird dabei vom Zug des Vierbeiners unterstützt und trägt dafür einen speziellen Laufgürtel, der einem Klettergurt ähnelt.

Bikejöring

Beim Bikejöring zieht der Hund den Menschen auf einem Fahrrad oder Mountainbike. Dabei ist er über eine Art Angel an der Lenkstange des Rads und eine Zugleine mit dem Fahrrad verbunden. So unterstützt er den Radfahrer beim Treten.

Skijöring

Beim Skijöring zieht der Hund den Skifahrer auf Skiern über schneebedecktes Gelände. Der Skifahrer ist dabei über eine Zugleine mit dem Vierbeiner verbunden und nutzt dessen Zugkraft, um sich fortzubewegen. Skijöring erfordert neben der speziellen Ausrüstung natürlich auch noch die passende Wetterlage.

Schlittenhunderennen

Schlittenhunderennen sind Wettkämpfe, bei denen Teams von Schlittenhunden einen Schlitten über eine bestimmte Strecke ziehen. Die Hunde werden von einem Musher (Schlittenhundeführer) gelenkt, der die Geschwindigkeit und Richtung des Schlittens kontrolliert. Rassen wie Huskys, Malamutes und Europäische Schlittenhunde sind dafür prädestiniert. Übrigens geht das nicht nur bei Schnee, es gibt auch spezielle Trainingswagen für die schneefreie Zeit des Jahres.

Dog Scootering

Beim Dog Scootering fährt der Hundehalter auf einem speziellen Tretroller oder Scooter, während der Hund ihn zieht. Diese Sportart ähnelt dem Bikejöring, findet jedoch ohne Fahrrad statt, was sie besonders für Gelände prädestiniert, die für Fahrräder ungeeignet sind.

Zughundesport ist auf jeden Fall nur etwas für körperlich fitte Hunde und aktive Menschen. Auch junge Hunde sollten nicht zu früh mit dieser anspruchsvollen Sportart beginnen, da sich ihr Körper noch im Wachstum befindet. Nicht alle Rassen eignen sich gleichermaßen. Die Größe und das Gewicht des Hundes sollten zur Aktivität passen. So kann ein Jack Russell Terrier super seinen Menschen ziehen, hat aber als Zugtier vor einem Scooter oder Fahrrad nichts verloren.

In allen Bereichen ist eine gute Kommunikation zwischen Hund und Mensch erforderlich, denn der Hund soll natürlich nicht planlos voranziehen, sondern muss gut auf die Signale seines Menschen für Richtung und Tempo achten.

Beim Canicross unterstützt der Hund durch seine Zugkraft den über eine Leine verbundenen Läufer.

SPECIAL

TIERSCHUTZ-HUNDE

Das, was früher exotisch war, ist heute fast schon Normalität: Hunde, die nicht über einen Züchter in ihre Familie kommen, sondern über den Tierschutz. Dabei handelt es sich um unterschiedliche Organisationen, die herrenlose oder notleidende Tiere in Obhut nehmen. Die Vermittlung solcher Hunde wird zum großen Teil in Deutschland, aber vor allem auch im Ausland immer stärker betrieben.

Durch die Möglichkeit, einem Tier ein Zuhause zu geben, das ansonsten ein weniger schönes Leben gefristet hätte, ist längst unter Hundefreunden eine Moral entstanden. »Adopt – don't shop« – also adoptiere und kaufe nicht – ist ein Slogan, den wir auf Hundewiesen immer häufiger hören. Wir verstehen uns als große Befürworter des Inlands- sowie Auslandstierschutzes und sind selbst sogar aktiv tätig.

Trotzdem: Einen scheinbar allgemeingültigen Leitsatz wie »adopt, don't shop« würden wir aktuell nicht unterschreiben oder gar aussprechen. Denn auch die Arbeit von Züchtern, die sich mit Herzblut der Zucht und Aufzucht von Hunden verschrieben haben, finden wir großartig. Außerdem gibt es sehr gute Gründe, sich einen Rassehund anzuschaffen. Welcher Hund in wessen Leben passt – das ist aus unserer Sicht eine sehr gewichtige Frage, zu deren Beantwortung ein (professioneller) Rat empfehlenswert ist und auch guttut, aber die von außen keine moralische Bewertung bekommen sollte.

DIE MENSCHEN DAHINTER

Wer sich für den Vierbeiner aus dem Tierschutz entscheidet, begibt sich auf eine spannende Reise, denn er kauft nicht nur einen Hund, sondern eine ganze Geschichte ein. Bevor Sie sich auf dieses Abenteuer einlassen, sollten Sie sich zunächst informieren. Damit ein Hund aus dem Tierschutz tatsächlich eine gute Tat ist, sollte der Tierschutz intelligent und nachhaltig organisiert sein. Engagiert sich die Organisation auch über die Vermittlung hinaus in tierschutzpolitischen Angelegenheiten und sorgt sie für die Aufklärung der Menschen? Passiert das nicht, könnte die Hundevermittlung nur ein Deckmantel für ein lukratives Geschäft und ein Fass ohne Boden sein. Für uns gilt daher die Regel: Echter Tierschutz verfolgt immer das langfristige Ziel, dass weniger Hunde in prekären Verhältnissen leben.

Haben Sie die Organisation geprüft und als seriös eingeschätzt, beginnt die Suche nach dem einen Tier, das zu einem wichtigen Bestandteil Ihres Lebens werden soll. Eine stark emotional aufgeladene Situation, in der sich ein kühler Kopf – oder zumindest ein paar Gedanken – durchaus lohnen. Und auch wenn Tierschutzhunde Wundertüten sind, ist es möglich, vorab ein paar grobe Einschätzungen zu treffen.

DER RASSENCHECK

Die meisten Hunde aus dem Tierschutz sind Mischlinge. Doch oft sind Rasseneinflüsse erkennbar. Schauen Sie also auf den Fotos nicht nur nach Gefallen oder Nichtgefallen, sondern überlegen Sie auch, welche Rasse in dem Hund stecken könnte. Ist etwa ein Hütehund zu erahnen, sollten Sie sich mit den typischen Eigenschaften beschäftigen. Und auch die genetische Verwandtschaft zu Terriern oder Herdenschutzhunden beeinflusst den Charakter maßgeblich.

HERKUNFT UND GESCHICHTE

Ein Hund hat ein eindrucksvolles Gedächtnis, und bereits die frühesten Erlebnisse sind oft prägend für ein ganzes Hundeleben. Jede Information, die Sie über die Herkunft und die Geschichte des Tieres erfahren, hilft für eine Einschätzung, ob es zu Ihnen passt. Und sie hilft, um das Zusammenleben später zu erleichtern. Scheuen Sie sich nicht, Fragen über Fragen zu stellen. Kam der Hund vom Land oder aus der Stadt? War er ein Streuner oder hatte er Halter? Hat er Gewalt erfahren? Hat er Erfahrung mit Kindern? Und wenn ja, welche? All diese Antworten sind Mosaikstücke, die das Verhalten eines Tieres erklären und beeinflussen können.

Fragen Sie explizit auch nach, wenn eine Kurzbeschreibung im Internet vorhanden ist. Denn wenn ein Hund von einer Tierfarm stammt, aber trotzdem eine liebevolle Beschreibung zugeordnet bekommt, kann das sehr schön und wahr sein. Oder aber ein Verkaufstrick. Denn ob Hunde aus Massenunterkünften tatsächlich beschrieben und eingeschätzt werden können, daran dürfen Sie ruhig gesunde Zweifel haben.

Herausfordernd und wunderschön ist das Zusammenwachsen mit einem Tierschutzhund.

IT'S A MATCH!

Sie haben Ihren Hund ausgesucht und im besten Fall sogar persönlich kennengelernt. Dann beginnt für Sie eine unvergessliche Reise, mit der Sie einem Tier ein wirklich besseres Leben schenken. Damit die Rechnung für den Hund – und genauso aber auch für Sie – aufgeht, seien Sie besonders sensibel. Die Phase des Ankommens ist für Hunde mit Geschichte und Erlebnissen um einiges schwieriger als für unbedarfte Welpen. Geben Sie dem Tier also geduldig eine gewisse Zeit, sich und seinen Charakter zu zeigen, tolerieren Sie Rückzugsbedürfnisse und Schüchternheit. Sie werden Ihren Hund kennenlernen – nach und nach, Stück für Stück.

Wer einen Hund aufnimmt, nimmt sich auch einer Lebensgeschichte an.

DIE BLACKBOX DER VERGANGENHEIT

Auch Hundehalter, denen es gelungen ist, einiges an Wissen über ihren neuen Vierbeiner zusammenzutragen, kennen nur Bruchstücke aus dem Leben ihres Lieblings. Zu Tierschutzhunden gehört schlichtweg dazu, dass ihre Vergangenheit eine riesengroße Blackbox ist und sie und ihr Verhalten immer prägen wird. Stellen Sie sich von Beginn an auf Besonderheiten ein, arbeiten Sie mit Ihrem Hund – ohne den Anspruch zu haben, ihn auf null setzen zu wollen. Sie kennen seine Geschichte nicht. Dennoch gehört sie für immer zu ihm.

Wer tolerant und sensibel ist, mit Bedacht begleitet und erzieht, hat mit einem Tierschutzhund mit großer Wahrscheinlichkeit eine der besten Entscheidungen seines Lebens getroffen. Sie haben ein Leben gerettet oder zumindest viel schöner gemacht. Sie haben Ihrem eigenen Leben einen zusätzlichen Sinn gegeben. Und einen Freund gefunden, der Sie immer wieder überraschen wird – und Sie sicherlich mit ganzem Herzen schätzt.

Gerade Tierschutzhunde benötigen einen feinfühligen und geradlinigen Umgang.

Rechte Seite: Dem Tierschutzhund ein liebevolles Zuhause zu geben, ist eine erfüllende Aufgabe.

NACHWORT

Das Wunderbare an diesem Projekt ist, dass Sie gerade die letzten Seiten unseres Ratgebers umblättern und dabei eigentlich mittendrin sind. Mittendrin in Ihrem Leben mit einer der für uns spannendsten und liebenswürdigsten Tierarten dieser Welt. Mittendrin in der Erziehungsarbeit und der Beziehungsgestaltung zu Ihrem Hund. Was für eine Chance!

Wir verstehen dieses Buch als Impulsgeber und praktische Ratschlagsammlung, als Nachschlagewerk, Wissens- und vor allem Perspektivenvermittler. Wir lieben die Logik im Aufbau der Kommandos – wenn Training sich auszahlt und der Alltag dadurch an Leichtigkeit gewinnt. Aber vor allem lieben wir die Magie dazwischen. Zwischen Hund und Mensch – zwei Persönlichkeiten, die miteinander in Beziehung treten.

Wir hoffen, dass wir Ihnen diesen Zauber vermitteln konnten und dass Sie nun Mut und Freude daran haben, genau dieses Band aktiv zu gestalten. Mit Wissen und Selbstbewusstsein als Hundeführer, mit viel Verständnis als Hundefreund und mit ganz viel eigenem, individuellem Lebensgefühl.

Unser Ziel war es, eine Haltung zu vermitteln. Denn wer die hat, kann sich auch mal fallen lassen. An Themen arbeiten und gleichzeitig loslassen. Den Hund auch mal Hund sein lassen, das Leben mit Vierbeiner genießen, zuschauen und staunen. Denn das steht für uns an erster Stelle: die große Faszination für die Tiefe der Beziehung zwischen Hund und Mensch – ein niemals endendes Abenteuer.

Mit herzlichen Grüßen und den besten Wünschen für Sie und Ihren vierbeinigen Liebling,

Ihre Eva Birkenholz & Ihr André Vogt

REGISTER

Halbfette Seitenzahlen verweisen auf Fotos

A

B

C

D

E

F

G

H

I

K

L

M

T

U

V

W

Z

ADRESSEN UND LITERATUR

ADRESSEN, DIE WEITERHELFEN

Fédération Cynologique Internationale (FC)
Place Albert 1er, 13
6530 Thuin, Belgien
www.fci.be

Verband für das Deutsche Hundewesen (VDH) e. V.
Westfalendamm 174
44141 Dortmund
www.vdh.de

Österreichischer Kynologenverband (ÖKV)
Siegfried-Marcus-Str. 7
2362 Biedermannsdorf
Österreich
www.oekv.at

Schweizerische Kynologische Gesellschaft (SKG/SCS)
Sagmattstr. 2
4710 Balsthal, Schweiz
www.skg.ch

Deutscher Tierschutzbund e. V.
In der Raste 10
53129 Bonn
www.tierschutzbund.de

Österreichischer Tierschutzverein
Berlagasse 36
1210 Wien, Österreich
www.tierschutzverein.at

Schweizer Tierschutz (STS)
Dornacher Str. 101
4008 Basel, Schweiz
www.tierschutz.com

Deutscher Hundesportverband e. V.
Voshofeler Str. 9a
46485 Wesel
www.dhv-hundesport.de

Urlaubsberatungsservice des Deutschen Tierschutzbundes
Tel. 0228/6049627
Mo–Do 10–18 Uhr
Fr 10–16 Uhr

Berufsverband der Hundeerzieher*innen und Verhaltensberater*innen e. V. (BHV)
Alt Langenhain 22
65719 Hofheim
www.hundeschulen.de

Berufsverband für Tierverhaltensberater und -trainer e. V. (VDTT)
Achtern Dieck 6
24576 Bad Bramsstedt
www.vdtt.org

BPT-Berufsverband praktizierender Tierärzte e. V.
www.smile-tierliebe.de
Über das Portal finden Sie die nächstgelegene Tierarztpraxis.

HAFTPFLICHT-VERSICHERUNG

Fast alle Versicherungen bieten Haftpflichtversicherungen für Hunde an. Informationen erhalten Sie bei Ihrer Versicherung.

REGISTRIERUNG VON HUNDEN

TASSO e. V., Abt. Haustierzentralregister
Otto-Volger-Str. 15
65843 Sulzbach/Taunus
www.tasso.net

Internationale Zentrale Tierregistrierung (IFTA)
Nördliche Ringstr. 10
91126 Schwabach
www.tierregistrierung.de

BÜCHER, DIE WEITERHELFEN

Arce, J.: **Meine fünf Geheimnisse für eine glückliche Mensch-Hund-Beziehung.** Gräfe und Unzer Verlag, München

Bendel, J.: **Das Wunder der Bindung.** Gräfe und Unzer Verlag, München

Bloch, G.: **Der Hund im Wolfspelz: Hundeerziehung aus unterschiedlichen Perspektiven.** Franckh-Kosmos Verlag, Stuttgart

Bloch, G.: **Mein Hundewissen.** Gräfe und Unzer Verlag, München

Bloch, G.: **Wölfisch für Hundehalter: Von Alpha, Dominanz und anderen populären Irrtümern.** Franckh-Kosmos Verlag, Stuttgart

Bradshaw, J.: **Hundeverstand.** Kynos, Nerdlen/Daun

Brück, S./Lenzen, D.: **Wenn Hunde sprechen könnten und Menschen richtig zuhören.** Gräfe und Unzer Verlag, München

Diverse: **Finde den Hund, der zu dir passt.** Gräfe und Unzer Verlag, München

Feddersen-Petersen, D.: **Ausdrucksverhalten beim Hund.** Franckh-Kosmos Verlag, Stuttgart

Frey, P.: **Der Welpen-Alltagshelfer.** Gräfe und Unzer Verlag, München

Gansloser, U./Kitchenham, K.: **Forschung trifft Hund.** Franckh-Kosmos Verlag, Stuttgart

Garfield, S.: **Des Hundes bester Freund.** Gräfe und Unzer Verlag, München

Grewe, M./Meyer, I.: **Hunde brauchen klare Grenzen. Gesetze einer Freundschaft.** Franckh-Kosmos Verlag, Stuttgart

Heberer, U./Brede, N./Mrozinski, N.: **Aggressionsverhalten beim Hund.** Franckh-Kosmos Verlag, Stuttgart

Henkelmann, A.: **Hilfe, mein Hund macht, was er will.** Gräfe und Unzer Verlag, München

Hüllenkremer, S.: **Der Hund als Spiegel der Seele.** Fred & Otto, Berlin

Kotrschal, K.: **Hund & Mensch. Das Geheimnis unserer Seelenverwandtschaft.** Brandstätter Verlag, Wien-München

Kufner, U.: **Wohin mit meinem Hund?** Gräfe und Unzer Verlag, München

Leuze, J./Henkelmann, A.: **Wahres Hundeglück im Doppelpack.** Gräfe und Unzer Verlag, München

Ludwig, G./Wegler, M.: **Hunde verstehen lernen.** Gräfe und Unzer Verlag, München

Ruge, N./Bloch, G.: **Was fühlt mein Hund? Was denkt mein Hund?** Gräfe und Unzer Verlag, München

Samin, M.: **Stadt-Wölfe.** Gräfe und Unzer Verlag, München

Schillack, A./Spahr, J.: **Hunde erziehen ohne Schimpfen.** Gräfe und Unzer Verlag, München

Schlegel-Kofler, K.: **Hundeerziehung mit Spaß.** Gräfe und Unzer Verlag, München

Schlegel-Kofler, K.: **Hunde-Gassibox.** Gräfe und Unzer Verlag, München

Vogt, A.: **Typgerechtes Welpentraining.** Gräfe und Unzer Verlag, München

Wachtel, H.: **Das Buch vom Hund: Die Symbiose zwischen Hund und Mensch.** Gräfe und Unzer Verlag, München

Winkler, S.: **Hunde-Clickerbox.** Gräfe und Unzer Verlag, München

Wischall-Wagner, A.: **Entspannter Mensch, entspannter Hund.** Gräfe und Unzer Verlag, München

Ziemer, J./Ziemer-Falke, K.: **Life-Dog-Balance.** Gräfe und Unzer Verlag, München

Ziemer, J./Ziemer-Falke, K.: **Welpen-Basics.** Gräfe und Unzer Verlag, München

Ziemer, J./Ziemer-Falke, K.: **Wie ich meinen Hund endlich verstehe.** Gräfe und Unzer Verlag, München

ZEITSCHRIFTEN

Der Hund. FORUM Zeitschriften und Spezialmedien GmbH, Merching
www.derhund.de

Partner Hund. Ein Herz für Tiere Media GmbH, München
www.partner-hund.de

Dogs. Verlagshaus GeraNova Bruckmann, München
www.dogs-magazin.de

HundeWelt. Minerva Verlag, Mönchengladbach
www.hunde-welt.de

Unser Rassehund. Hrsg. Verband für das Deutsche Hundewesen e.V., Dortmund
www.unserrassehund.de

Wuff. Petmedia Verlagsgesellschaft mbH, Maria-Anzbach
www.wuff.de

INTERNET

www.hunde.com
Alles über Hunde, Diskussionsforum

www.hunderassen.de
Alles Wissenswerte über Hunderassen, inklusive Dogfinder

www.haushueter.org
Urlaubsbetreuung

www.stadthunde.com
Community rund um den Hund für zahlreiche Großstädte

www.spass-mit-hund.de
Mit vielen Ideen rund um das Spiel mit Hunden

www.dhv-hundesport.de
Fachverband für Sport mit dem Hund

www.tierklinik.de
Informationsportal zur Tiermedizin, mit Ratgeber, Info, Erste Hilfe, Notdienstadressen u.a.

www.hundewelt.at
Alles Wissenswerte über Rassehunde, mit Adressen

www.oegv.at
Österreichischer Gebrauchshundesport-Verband

DANK

Dieses Buch wäre ohne die Unterstützung und den Rückhalt vieler wunderbarer Menschen nicht möglich gewesen. An erster Stelle möchten wir unseren Familien danken. Ihr habt uns stets den Rücken freigehalten, uns motiviert und ermutigt, selbst wenn wir mal wieder stundenlang mit unseren Notizen und Manuskripten beschäftigt waren. Eure Geduld und euer Verständnis bedeuten uns die Welt. Ein ganz besonderer Dank geht an Nina, die uns mit unermüdlicher Energie und klugen Ratschlägen beim Schreiben unterstützt hat. Deine Hilfe war unschätzbar, und deine Ideen haben dieses Buch bereichert. Du hast uns immer wieder inspiriert und auch mal angeschubst, wenn es nötig war.

Nicht zu vergessen sind alle unsere fleißigen Helfer, die uns mit ihren Hunden zur Seite standen. Eure Bereitschaft, für Fotos und Videos eure Lieblinge so vertrauensvoll zur Verfügung zu stellen, hat dieses Buch lebendig und praxisnah gemacht. Wir sind unglaublich dankbar für eure Zeit und Mühe. Eure Hunde haben gezeigt, wie vielfältig, lustig und liebenswert das Training sein kann.

Abschließend möchten wir uns bei all denjenigen bedanken, die auf die eine oder andere Weise an diesem Buch mitgewirkt haben. Sei es durch Feedback, Aufmunterung oder einfach nur, indem ihr uns zugehört habt – ihr alle habt dazu beigetragen, dass dieses Buch Wirklichkeit wurde.

Vielen, vielen Dank!

ÜBER DEN AUTOR UND DIE AUTORIN

André Vogt ist seit 2005 Hundetrainer und hat 2011 die Hundeschule Vogt gegründet, die mittlerweile zu den größten Hundeschulen in Deutschland zählt. Mit sixx begleitet er in der sehr erfolgreichen Sendung »Der Welpentrainer« Welpen durch ihre Schulzeit und hilft in der Sendung »Trouble Teenies auf 4 Pfoten« den Junghunden durch die schwierige Zeit der Pubertät. André Vogt hat einen eigenen Podcast, ist Buchautor und betreibt den Hundeshop Vogt (mit Produkten, die von ihm und seinem Team entwickelt worden sind). 2023 hat er zusammen mit seiner Kollegin Eva Birkenholz die Akademie für Hundewissen (AFH) gegründet (Aus-, Fort- und Weiterbildung von hundeinteressierten Menschen sowie Ausbildung im Hundetraining und -coaching).

Eva Birkenholz ist gelernte Veranstaltungskauffrau, seit 2013 Hundetrainerin und mittlerweile Teamleiterin in einer der größten Hundeschulen Deutschlands, der Hundeschule Vogt. Ihr Spezialgebiet ist es, Hunde und ihr Wesen den Menschen verständlich näherzubringen. Neben ihrem eigenen Social-Media-Kanal betreut sie nebenberuflich als Social-Media-Managerin weitere Kanäle. Sie ist Mitbegründerin der Akademie für Hundewissen (AFH). Neben der Geschäftsführung unterrichtet sie an der Akademie erfahrene und angehende Hundetrainer in den Bereichen Lernverhalten und Kommunikation. Außerdem unterstützt sie André Vogt in seiner TV-Sendung »Der Welpentrainer«.

DIE WERDEN SIE AUCH LIEBEN.

ISBN 978-3-8338-7591-5

ISBN 978-3-8338-9142-7

ISBN 978-3-8338-8194-7

ISBN 978-3-8338-8259-3

ISBN 978-3-8338-9355-1

ISBN 978-3-8338-7282-2

Auch als eBook erhältlich.

Mehr von GU auf **gu.de** | **gu.verlag** | **gu.verlag**

QUALITÄTS G|U GARANTIE

LIEBE LESERINNEN UND LESER,

wir wollen Ihnen mit diesem Buch Informationen und Anregungen geben, um Ihnen das Leben zu erleichtern oder Sie zu inspirieren, Neues auszuprobieren. Wir achten bei der Erstellung unserer Bücher auf Aktualität und stellen höchste Ansprüche an Inhalt und Gestaltung. Alle Anleitungen und Rezepte werden von unseren Autoren, jeweils Experten auf ihren Gebieten, gewissenhaft erstellt und von unseren Redakteur*innen mit größter Sorgfalt ausgewählt und geprüft.

Haben wir Ihre Erwartungen erfüllt? Sind Sie mit diesem Buch und seinen Inhalten zufrieden? Wir freuen uns auf Ihre Rückmeldung. Und wir freuen uns, wenn Sie diesen Titel weiterempfehlen, in Ihrem Freundeskreis oder bei Ihrem Online-Kauf.

Sollten wir Ihre Erwartungen so gar nicht erfüllt haben, tauschen wir Ihnen Ihr Buch jederzeit gegen ein gleichwertiges zum gleichen oder ähnlichen Thema um.

KONTAKT ZUM LESERSERVICE

GRÄFE UND UNZER VERLAG
Grillparzerstraße 12
81675 München
www.gu.de

IMPRESSUM

© 2024 GRÄFE UND UNZER VERLAG GmbH, Postfach 860366, 81630 München

G|U

GU ist eine eingetragene Marke der GRÄFE UND UNZER VERLAG GmbH, www.gu.de

ISBN 978-3-8338-9441-1
2. Auflage 2025

Alle Rechte vorbehalten. Nachdruck, auch auszugsweise, sowie Verbreitung nur mit schriftlicher Genehmigung des Verlages. Die automatisierte Analyse des Werkes, um daraus Informationen insbesondere über Muster, Trends und Korrelationen gemäß § 44b UrhG (»Text und Data Mining«) zu gewinnen, ist untersagt.

Projektleitung: Jens van Rooij
Lektorat: Gerdi Killer, booklab GmbH, München
Bildredaktion: Petra Ender
Korrektorat: Christian Wolf
Umschlaggestaltung: ki36 Sabine Krohberger, Editorial Design, München
Herstellung: Petra Roth
Layout & Satz: Ludger Vorfeld
Reproduktion: Longo AG, Bozen
Druck & Bindung: Firmengruppe APPL, aprinta druck, Wemding

Umwelthinweis
Nachhaltigkeit ist uns sehr wichtig. Der Rohstoff Papier ist in der Buchproduktion hierfür von entscheidender Bedeutung. Daher ist dieses Buch auf PEFC-zertifiziertem Papier gedruckt. PEFC garantiert, dass ökologische, soziale und ökonomische Aspekte in der Verarbeitungskette unabhängig überwacht werden und lückenlos nachvollziehbar sind.

Bildnachweis
Cover: Paco Calderón

Alle Fotos in diesem Buch stammen von Paco Calderón (www.pacocalderon.de), mit Ausnahme von

Anna Auerbach: 56-2, Getty Images: 7, 22, 30-1, 31, 33-1,

35, 55-2, 56-1, 57-2, 58, 60, 64, 76, 78, 90, 92, 108, 124, 174-1, 174-2; privat: 18, 19; Shutterstock: 6, 10, 11, 12, 14, 26, 28, 30-2, 32, 33-2, 34, 41, 42, 46, 48, 49, 54, 55, 57,1, 61, 62, 63, 68, 69, 70, 72, 73, 74, 86, 88, 89, 91, 128-1, 139, 162, 164, 170, 172, 175, 176, 177, 178, 180-2, 181, 182.

Icons: Shutterstock

Bildagentur
Image Professionals GmbH, Tumblingerstr. 32, 80337 München
www.imageprofessionals.com

Wichtiger Hinweis
Die Gedanken, Methoden und Tipps in diesem Buch basieren auf den Erfahrungen beider Verfasser. Sie wurden von ihnen nach bestem Wissen erstellt und mit größtmöglicher Sorgfalt geprüft. Weder die Autoren noch der Verlag können jedoch für eventuelle Nachteile oder Schäden, die aus den im Buch gegebenen praktischen Hinweisen resultieren, eine Haftung übernehmen.